GÉOLOGIE

ET

MINÉRALOGIE

10.

DU MEME AUTEUR

Anatomie et Physiologie animales. *Étude spéciale de l'homme.* Pour la classe de Philosophie. 1 vol. in-18 jésus. 400 pages, 229 gravures. . . . . 4 fr. »

Anatomie et Physiologie végétales. Pour la classe de Philosophie. 1 vol. in-18 jésus. 300 pages, 479 gravures. . . . . 3 fr. »

Histoire naturelle, à l'usage des classes élémentaires :

> *Anatomie et Physiologie de l'homme,* 1 volume cartonné. . . . . 1 fr. 75

> *Zoologie,* 1 vol. cartonné. . . . . . . 2 fr. 25

> *Botanique,* 1 vol. cartonné. . . . . . 2 fr. 25

> *Géologie et Minéralogie,* 1 vol. cart. 1 fr. 75

Les Origines. *Questions d'apologétique.* Cosmogonie. Origine de la vie. Origine des espèces. Origine de l'homme. Unité de l'espèce humaine. Antiquité de l'espèce humaine. État de l'homme primitif. 1 volume grand in-8 (Paris, Letouzey) . . . . 4 fr. »

L'Hypnotisme. Les faits. Les théories. Les difficultés. Brochure. . . . . 25 cent.

L'Éducateur Apôtre, 5° édition. 1 volume in-18, 400 pages (Poussielgue). . . . . 2 fr. »

La Culture des vocations, 2° édition. 1 vol. in-18, 200 pages (Poussielgue) . . . . 1 fr. 50

A l'Entrée de la vie, 3° édition. 1 volume in-32, 113 pages (Gaume) . . . . 60 cent.

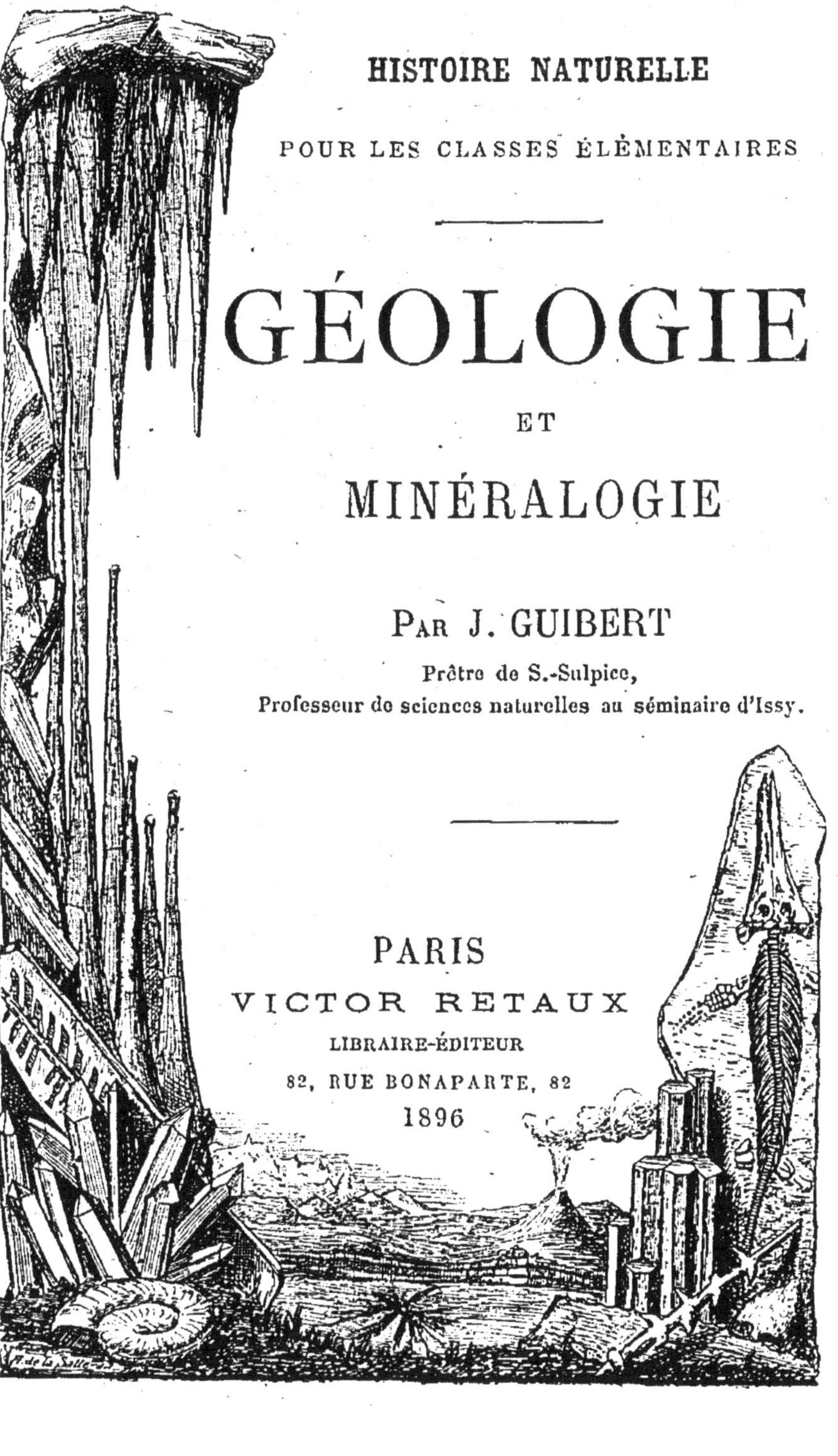

HISTOIRE NATURELLE

POUR LES CLASSES ÉLÉMENTAIRES

GÉOLOGIE

ET

MINÉRALOGIE

Par J. GUIBERT

Prêtre de S.-Sulpice,
Professeur de sciences naturelles au séminaire d'Issy.

PARIS
VICTOR RETAUX
LIBRAIRE-ÉDITEUR
82, RUE BONAPARTE, 82
1896

GÉOLOGIE

CHAPITRE PRÉLIMINAIRE
NOTIONS GÉNÉRALES

I. Définition de la Géologie. — II. Origine de cette science. — III. Utilité : au point de vue pratique, au point de vue théorique. — IV. Procédé suivi. — V. Plan du cours.

I. Définition. — La *Géologie* est une science qui a pour objet l'étude de la Terre. Mais comme l'écorce de la terre est la seule partie qui soit accessible à nos recherches, on pourrait dire aussi justement que la Géologie a pour objet l'étude de l'écorce terrestre. — Sous le nom d'*écorce* ou enveloppe *terrestre*, nous comprenons trois parties : l'*atmosphère* gazeuse, dans laquelle nous respirons ; l'*élément liquide*, principalement rassemblé dans les mers ; la *terre ferme*, dans laquelle l'homme n'a pénétré qu'à 2 000 mètres environ.

Au sujet de la Terre, nous pouvons poser deux questions : 1° *Qu'est-ce que la Terre ?* 2° *Comment s'est-elle formée ?* — En répondant à la première, on fait connaître l'état présent de la planète terrestre et les phénomènes qui s'y passent : cette partie se nomme *Géognosie*. En répondant à la seconde, on fait l'histoire de la Terre depuis le moment où elle est sortie des mains du Créateur jusqu'aux temps actuels : cette partie se nomme *Géogénie*.

II. Origine. — La Géologie est une science d'origine très récente : nous pourrions même dire qu'elle n'a été bien constituée que dans la deuxième moitié du dix-neuvième siècle. On se convainc sans peine qu'elle est de date

---

1. Nous ferons remarquer que plusieurs termes employés en *Géologie* sont empruntés à la *Minéralogie*. Il ne nous a pas semblé avantageux de les définir à mesure qu'ils se sont présentés. L'élève pouvant les trouver aisément dans la 2ᵉ partie du livre, nous avons cru meilleur de ne pas surcharger la première.

récente, lorsqu'on lit dans les auteurs du siècle dernier les erreurs qui avaient cours sur le mode de formation de l'écorce terrestre.

Mais ce développement tardif de la Géologie n'est point surprenant. Car : 1° la Géologie a besoin de toutes les autres sciences, de la Chimie, de la Physique, de l'Astronomie, de l'Histoire naturelle, de la Minéralogie; 2° elle a besoin de nombreux documents tirés de l'écorce terrestre. — Or, ce n'est que dans notre siècle qu'elle a été mise en possession de tous ces moyens d'étude. Les sciences auxiliaires n'ont pris leur plein épanouissement que dans ce siècle. De même, jamais on n'avait fouillé le sol avec tant d'activité. Si le géologue manque de ressources pour creuser lui-même l'écorce terrestre, il suit du moins les pas des ingénieurs qui recherchent les matériaux de construction, qui exploitent les mines, qui ouvrent les tranchées de chemin de fer. Ainsi l'industrie moderne fournit sans frais au géologue les coupes de terrain et les roches qu'il doit étudier.

III. **Utilité.** — La Géologie, comme toutes les sciences, présente un intérêt pratique et un intérêt théorique.

Au point de vue *pratique*, elle dirige les travaux des mineurs, en leur faisant prévoir où se trouvent les gisements qu'ils veulent exploiter, quelle en sera la richesse, quelles difficultés l'exploitation rencontrera; elle facilite les études préparatoires des ingénieurs des chemins de fer, en leur apprenant la nature et le degré de consistance des terrains qu'ils doivent traverser; elle révèle à l'agriculteur la nature du sol qu'il cultive et les moyens de l'amender; elle fait connaître la distribution naturelle des eaux, et facilite l'art de découvrir les sources...

Au point de vue *théorique*, elle satisfait notre légitime curiosité en nous faisant remonter très haut dans le passé. L'histoire proprement dite n'atteint avec sûreté que 3 000 ans environ : la Géologie nous conduit à des millions d'années, et nous fait assister à des spectacles bien antérieurs à l'apparition de l'humanité. — Elle permet à la

Géographie de prendre une allure plus scientifique, en nous apprenant comment les mers et les continents se sont formés; quels phénomènes et quelles lois ont déterminé les reliefs terrestres.— Elle donne au chrétien qui veut défendre sa foi des armes scientifiques pour repousser d'injustes attaques faites sous le couvert de la science.

IV. **Procédé.** — Le procédé de la Géologie est le même que celui de l'histoire. — Un historien désireux de comprendre le passé d'un peuple, ou de l'humanité tout entière, doit d'abord étudier les peuples actuels, leurs mœurs, leurs relations, leurs différences de caractère. Il part de ce principe que, à part certaines modifications d'importance secondaire, l'humanité reste toujours la même à travers les temps, vivant d'après les mêmes lois fondamentales. Alors, regardant les monuments laissés par les peuples anciens, il est en mesure de juger ce qu'ils ont pensé, ce qu'ils ont voulu, comment ils ont vécu...

De même le géologue considère ce qui se passe aujourd'hui sur la Terre : il voit la position de notre planète dans l'espace, sa forme et ses détails de structure ; il étudie les phénomènes qui s'y passent, les modifications qui en résultent. Il part aussi de ce principe que, si les phénomènes naturels ont varié dans leur intensité, du moins ils sont régis aujourd'hui par les mêmes lois fondamentales que dans le passé. Alors, prenant en main les documents enfouis dans l'écorce terrestre, comme autant de pages d'histoire écrites dans le livre de la nature, il arrive aisément à déterminer quels phénomènes ont produit de tels résultats.

V. **Plan.** — Le *plan* le plus naturel à suivre est donc de considérer d'abord comment la Terre se présente à nous dans le présent, puis d'esquisser ensuite les diverses phases de son histoire.

1° *Ce qu'est la Terre.* — Nous aurons bien répondu à cette question, si nous décrivons : 1° l'aspect qu'elle présente à un moment donné ; 2° les phénomènes qui en modifient l'écorce par l'action des agents externes ; 3° les phénomènes qui en modifient l'écorce par l'action des agents internes ou du noyau central.

2° *L'Histoire de la Terre*. — Nous aurons bien répondu à cette seconde question, si nous parcourons les phases qu'a traversées la Terre : 1° dans l'état nébulaire et stellaire, avant d'être enveloppée d'une croûte solide ; 2° dans l'état où cette première croûte s'est formée ; 3° dans l'état où, durant les ères géologiques, les êtres vivants ont successivement apparu sur le globe ; 4° dans l'état où, sous l'action des agents internes, la Terre s'est rompue, les montagnes se sont soulevées, les minéraux ont été injectés dans les filons. Nous terminerons par quelques réflexions sur la comparaison de l'histoire géologique de la Terre et du récit biblique de la création du monde.

PREMIÈRE PARTIE

CE QU'EST LA TERRE

CHAPITRE PREMIER

ASPECT PRÉSENT DE LA TERRE

I. La Terre dans l'espace : elle est ronde, isolée, tourne sur elle-même, tourne autour du Soleil ; la Lune est son satellite. — II. Les divers éléments du globe terrestre : 1º l'atmosphère ; 2º la mer ; 3º la terre ferme ; 4º le noyau central. — III. Figure des continents : contours, reliefs. — IV. Les climats : zones théoriques, zones réelles. Les climats dépendent : de l'altitude, de l'alternance des terres et des mers, des courants marins et aériens. — V. Les êtres vivants : importance de leur distribution, variétés de la flore et de la faune : définition des fossiles.

I. La Terre dans l'espace. — Chacun sait aujourd'hui que la Terre est *ronde* : elle a sensiblement la forme d'une sphère. En effet, son aplatissement aux pôles est très faible, puisque le diamètre polaire n'a que 1/300 de moins que le diamètre équatorial. De plus, les plus hautes montagnes ne sont que des aspérités insignifiantes de l'écorce terrestre : les plus hauts sommets de l'Himalaya sont de 8 800 mètres environ, tandis que le diamètre terrestre est de 12 000 kilomètres : ce sont des grains de poussière imperceptibles de 1 dizième de millimètre sur une boule de 15 centimètres de diamètre.

La Terre est un globe *isolé* dans l'espace : elle ne repose sur aucun piédestal, comme on a pu s'en assurer en la parcourant en tous sens.

Elle *tourne sur elle-même* dans l'espace de vingt-quatre heures, autour de la ligne des pôles : les pôles sont immobiles, l'équateur possède évidemment la plus grande vitesse. Cette rotation produit les phénomènes de *jour* et de *nuit* : quand ce mouvement nous met en face du soleil, nous avons le jour ; quand il nous met à l'opposé du soleil, nous avons la nuit.

En même temps la Terre *tourne autour du soleil :* ce mouvement de révolution dure une *année*, ou 365 jours et un quart. On peut le comparer au mouvement d'une petite boule qu'on ferait tourner à l'aide d'une ficelle autour de la main : la Terre n'est point attachée au soleil par un lien matériel visible, mais seulement par l'attraction. — Dans ce mouvement autour du soleil, la Terre s'éloigne et se rapproche périodiquement de cet astre ; de plus la ligne de ses pôles n'est point perpendiculaire, mais inclinée, par rapport au plan dans lequel elle circule ; enfin la ligne des pôles est toujours dirigée du même côté du ciel, de sorte que c'est tantôt l'hémisphère nord, tantôt l'hémisphère sud qui reçoit le mieux les rayons du soleil. Pour ces diverses causes, l'année se partage en *saisons* différentes : le printemps, l'été, l'automne et l'hiver.

Malgré les apparences, ce n'est donc point le soleil qui tourne autour nous. La Terre, dont la masse est toute petite par rapport à celle du soleil, est donc une *planète* qui tourne autour de ce grand astre. Dans son mouvement, elle entraîne un satellite quatre fois plus petit qu'elle, la *Lune*. Quoique la Lune occupe presque autant de place que le Soleil dans le ciel, ce n'est pourtant qu'un astre infiniment plus petit : mais la Lune est quatre cents fois moins éloignée de nous que le Soleil.

Le Soleil est une belle étoile lumineuse par elle-même. Il n'est point immobile dans l'espace : il nous entraîne, ainsi que toutes les autres planètes, avec une vitesse vertigineuse vers le point du ciel qu'on nomme la constellation d'Hercule. Le Soleil n'étant, parmi les étoiles, qu'un astre secondaire, à combien plus forte raison devons-nous considérer la Terre comme un simple grain de sable jeté dans l'immensité.

II. Les divers éléments du globe terrestre. — Si nous bornons à la Terre nos recherches, nous la trouvons formée de quatre éléments : *l'atmosphère*, la *mer*, la *terre ferme*, le *noyau central.*

1° *L'atmosphère*, qu'on appelle aussi *l'air*, est une enveloppe gazeuse dans laquelle nous sommes plongés. Elle est surtout composée d'oxygène et d'azote : l'oxygène y entre pour 21 centièmes, l'azote pour 79 centièmes. Les autres corps, vapeur d'eau, acide carbonique, poussières... n'y entrent que pour une part minime. — L'atmosphère diminue de densité à mesure qu'on s'élève dans les couches supérieures : les aéronautes qui s'élèvent à 6 ou 7 mille mètres n'ont plus assez d'air respirable. — On n'est point en état de fixer l'épaisseur de l'atmosphère : elle n'atteint sans doute pas 100 kilomètres. Il serait encore plus malaisé de dire quelle matière impondérable remplit les espaces interstellaires qui s'étendent au-delà de l'atmosphère.

2° La *mer* couvre les trois quarts de la surface terrestre. Elle ne couvre guère que la moitié de l'hémisphère boréal: elle s'étend principalement sur l'hémisphère austral. Sa profondeur est d'ailleurs assez inégale : sur les côtes d'Europe, l'Océan est peu profond : dans le Pacifique, les sondages ont trouvé jusqu'à 8 500 mètres. Si le fond des océans était uniforme, la mer présenterait une épaisseur moyenne de 4 000 mètres d'eau.

3° La *terre ferme* est la partie solide qui émerge au-dessus des eaux : elle n'occupe que le quart de la superficie totale. Les continents se trouvent surtout dans l'hémisphère boréal; ils envoient néanmoins de puissants contreforts dans l'hémisphère austral, par exemple : le sud de l'Afrique, l'Amérique méridionale, l'Australie. — En général les continents sont opposés aux mers profondes, de sorte qu'il n'y a presque jamais de terre émergée aux antipodes d'un continent : en suivant les lignes de l'écorce terrestre, on dirait un polyèdre très irrégulier dont les continents sont les sommets, dont les mers sont les faces rentrées. — Si la terre ferme était nivelée, elle formerait au-dessus des mers un plateau de 700 mètres de hauteur seulement. On voit par là que la masse de terre ferme émergée fait un volume quinze ou seize fois moindre que le volume des mers.

4° Le *noyau central* est la portion inaccessible du globe,

située au-dessous de la partie explorée de la terre ferme. Suivant une opinion très bien fondée, dont nous donnerons plus loin les raisons, le noyau central serait une masse incandescente de matières en fusion, enfermée sous une écorce assez peu épaisse de 60 à 80 kilomètres de terre solide. Si ce chiffre était exact, l'écorce rigide sur laquelle nous marchons ne serait que la centième partie du rayon terrestre.

III. Figure des Continents. — Les continents présentent un aspect très irrégulier, soit dans leurs lignes de rivage ou contours, soit dans la distribution de leurs reliefs.

Il suffit de jeter un regard sur une mappemonde ou un planisphère pour constater l'irrégularité des *contours*. En général ils se terminent en pointe dans les eaux de l'hémisphère austral : de même les Océans s'allongent en pointe, creusant des golfes dans les continents de l'hémisphère boréal. — Un affaissement de terre ferme semble s'être produit dans le sens transversal, dessinant un cercle assez incliné sur l'équateur. La mer Méditerranée, le golfe Persique, les eaux qui baignent les îles de la Sonde, la mer des Antilles, ont comblé cette vaste dépression. Par là les continents se sont trouvés isolés : l'Afrique est détachée de l'Europe, l'Australie est séparée de l'Asie, les deux Amériques restent unies par une simple langue de terre à Panama.

Les *reliefs* des continents ne sont pas moins irrégulièrement distribués, comme il est aisé de s'en convaincre en considérant une simple carte hypsométrique, où la diversité des couleurs fait ressortir la différence des niveaux. Rien de plus bizarre aussi que l'allure que prend la ligne de partage des eaux dans un continent. On voit par là qu'un continent ne s'est pas soulevé tout d'une pièce comme un dôme, mais qu'il est le résultat d'une multitude d'actions successives exercées en sens divers. — Un point néanmoins paraît assez constant : les plus grandes hauteurs sont au bord des plus grandes profondeurs. Ainsi dans les continents, les hauts sommets d'une chaîne montagneuse surplombent une vallée ; exemple : les Pyrénées près de la plaine aquitanienne, les Alpes devant la plaine lombarde. De même, à la limite des continents, on voit la même opposition : les plus grandes profondeurs de la Méditerranée sont au pied de la Sierra Nevada, la chaîne montagneuse la plus élevée de l'Espagne. La théorie moderne de la formation des montagnes par plissement rendra bien compte de ce fait.

IV. Les Climats. — La distribution de la température exerce la plus grande influence sur les agents qui modifient l'écorce terrestre : elle détermine les courants marins et aériens, la chute des pluies, la formation des glaces et des neiges, l'activité même des êtres vivants.

En théorie, les *zones* devraient être régulièrement distribuées : ainsi on parle de zone *torride*, où la chaleur est constamment élevée ; de zones *tempérées*, où la température est assez modérée, avec des excès de chaleur ou de froid en été ou en hiver ; de zones *glaciales*, où la température est constamment basse. La zone torride est située entre les tropiques ; les zones tempérées s'étendent des tropiques aux cercles polaires ; les zones glaciales vont des cercles polaires aux pôles. Pour que tous les lieux situés sur un même parallèle eussent la même température, il faudrait que les conditions de répartition des terres et des mers fussent partout identiques.

En *pratique*, il est impossible que les mêmes conditions se réalisent dans les lieux qui ont même latitude. En effet, les différences d'altitude, l'alternance des terres et des mers, le sens des courants marins ou aériens, sont autant de causes qui déterminent sur un même parallèle des différences notables dans le régime du climat.

1° *L'altitude.* En effet, il fait toujours plus froid sur les montagnes que dans les plaines : dans les hautes régions, la vapeur d'eau se condense en neige, tandis que, dans les vallées, elle se condense en pluie. En voici la raison : dans les hauteurs, l'air se dilate, et toute dilatation de gaz produit un abaissement de température ; dans les vallées, l'air se contracte et devient plus dense, et l'on sait que tout gaz qui contracte son volume élève sa température.

2° *L'alternance des terres et des mers.* Le voisinage des eaux adoucit toujours la température : car, en été, les rayons du soleil transforment l'eau en vapeur, et, en hiver, la condensation de la vapeur d'eau rend de la chaleur. Les climats *insulaires* sont très doux : celui de Madère en est un exemple. Les climats du *littoral* ne sont jamais très rigoureux. Les climats *continentaux* sont en général excessifs, tant par les chaleurs de l'été que par les froids de l'hiver.

3° *Les courants marins et aériens.* Ainsi le *Gulf stream*, courant d'eau chaude qui part du golfe du Mexique et se répand vers l'Europe septentrionale, nous vaut un climat tempéré que n'ont pas, en Amérique et en Asie, les peuples vivant à la même latitude. Les vents qui descendent des régions froides et couvertes de neiges créent dans l'Europe centrale et dans l'est de l'Amérique du Nord des hivers extrêmement rigoureux. C'est ainsi que Palerme a des hivers très doux, pendant que New-York souffre de froids intenses, quoique ces deux villes soient à peu près à la même latitude.

V. Les êtres vivants. — Les êtres vivants sont des témoins très fidèles des conditions climatériques dans lesquelles ils se développent. Chaque espèce, animale ou végétale, a un climat préféré dans lequel elle prospère : changée de milieu, elle est très exposée a périr. Les végétaux surtout, attachés au sol, sont très dépendants des conditions qui les enveloppent : ainsi l'Olivier, qui fleurit volontiers à Nice, périrait à Paris ; le Corail, qui vit à l'aise dans les eaux de la Méditerranée, périrait dans la Manche.

C'est pour cela qu'en botanique on distingue une flore *arctique*, composée surtout de Mousses, de Lichens, de Saules, de Bouleaux nains ; une *flore des forêts boréales*, composée surtout de Conifères (Pin, Sapin, Mélèze), et d'arbres à feuilles caduques (Hêtre, Érable, Frêne) ; une *flore méditerranéenne*, où l'on trouve l'Olivier, le Mûrier, l'Oranger, le Palmier, le Grenadier ; une *flore tropicale*, où l'on trouve le Caféier, la Canne à sucre, des Fougères arborescentes...

De même, en zoologie, il y a lieu de distinguer diverses provinces. Certaines espèces vivent sur la terre ferme, celles qui sont munies de trachées ou de poumons, comme les Reptiles, les Mammifères, les Oiseaux : elles composent la *faune terrestre*. D'autres espèces vivent dans l'eau, soit dans l'eau douce, comme les Paludines et les Lymnées, soit dans les eaux salées, comme tous les animaux marins. La *faune marine* à son tour offre des différences très notables : la *faune abyssale*, qui comprend les espèces vivant dans les eaux profondes, est très différente de la *faune littorale*, qui comprend les espèces vivant sur les rivages. De plus, tandis que la faune abyssale est sensiblement la même dans tous les océans, parce que les conditions s'y trouvent sensiblement identiques, la faune littorale varie d'un rivage à l'autre, parce que les conditions de la vie varient beaucoup aux différents bords de mer.

Ces modifications sont très importantes à noter. En effet, lorsque nous trouvons dans un terrain les restes d'un animal ou d'un végétal dont les exigences nous sont connues et que, par ailleurs, nous avons lieu de croire que cet être vivant a été enfoui sur place ou transporté à une faible distance, nous avons un témoin irrécusable des conditions de l'époque où il a vécu. Par exemple, quand on voit les espèces méditerranéennes, comme l'Oranger et l'Olivier, descendre peu à peu du nord pour ne plus vivre que dans le sud, nous en concluons que la température a sensiblement baissé dans les régions septentrionales de l'Europe.

Les restes des êtres vivants disparus, tels qu'ils ont été conservés dans les couches terrestres, sont appelés *fossiles*. Tantôt nous possédons les restes eux-mêmes, comme des coquilles ou des os ; tantôt nous possédons leurs moules seulement, comme des traces de pattes, ou le moulage interne ou externe d'une coquille ; tantôt l'être vivant a été pétrifié, par substitution d'une matière minérale à la substance de l'animal. Quelle que soit leur nature, les fossiles sont les plus précieux auxiliaires du géologue.

CHAPITRE II

LES PHÉNOMÈNES D'ORIGINE EXTERNE

Définition du sujet. — Source de l'activité externe. — Ses effets.

Article Ier. Action mécanique de l'air. — I. Effets de désagrégation. — II. Effets de transport. — III. Effets de dépôt : dunes, lœss.

Art. II. Action mécanique de l'eau. — Idée générale de l'action de l'eau. I. Eaux sauvages : érosion, dépôt. — II. Les torrents : formation, travail, fixation. — III. Les rivières. Action des rivières sur leurs cours : destruction, construction. Action des rivières à leur embouchure : matériaux apportés, barres et deltas. — IV. Eaux d'infiltration. Dans les terrains meubles : sources, puits artésiens. Dans les terrains fissurés : grottes. — V. Action de la mer. Erosion des rivages. Sédimentation : galets, graviers, sables, boues, êtres vivants.

Art. III. Action mécanique de la glace. — 1° Glaciers des montagnes : formation, mouvement, travail, déplacement du front. — 2° Glaces polaires. — 3° Glaces des rivières.

Art. IV. Actions chimiques. — I. Altération chimique des roches. Dissolution, Corrosion : granite, calcaire, sulfures de fer. — II. Dépôts chimiques : calcaires, sel marin, gypse, silice, fer, argile rouge.

Art. V. Actions organiques. — I. Organismes terrestres : terre végétale, tourbe, combustibles minéraux, action des animaux. — II. Organismes aquatiques : siliceux (tripoli), calcaires (Foraminifères, Coraux).

Définition du sujet. — Les éléments qui composent l'écorce terrestre sont dans un perpétuel état de changement. Les phénomènes qui s'y passent ne produisent, à première vue, que des modifications peu importantes : mais, avec le temps, les effets s'accumulent et produisent des résultats très considérables. C'est ainsi que les montagnes anciennes s'abaissent, que de nouvelles chaînes se forment, que les mers elles - mêmes se déplacent.

Ces changements de l'écorce terrestre se produisent à la fois sous l'action d'agents extérieurs, comme l'air et les eaux, et sous l'action d'agents intérieurs, comme les volcans et les tremblements de terre. Dans ce chapitre, il ne sera question que des agents externes.

C'est un principe, en Physique, que tout travail mécanique s'opère grâce à une dépense de chaleur. La *source de chaleur* qui détermine tous les phénomènes extérieurs produits sur l'écorce terrestre est dans le *Soleil*. C'est la chaleur solaire en effet qui détermine les mouvements atmosphériques, qui provoque la formation des vapeurs d'où sortiront les pluies et les neiges; de la même source provient l'énergie qui permet l'action des agents chimiques, qui entretient les êtres vivants. — A la *chaleur solaire*, qui met tout en mouvement, ajoutons la *pesanteur*, qui ramène toutes choses à l'état d'équilibre, et nous aurons les deux forces physiques qui mettent en jeu les agents des phénomènes externes.

Tous ces agents tendent à un même effet : *niveler l'écorce terrestre*. Par là ils se distinguent nettement des agents internes, dont la tendance est, comme nous le verrons plus loin, la réparation des reliefs terrestres.

Les agents externes sont de trois ordres : les uns sont *mécaniques* comme l'air, l'eau, la glace; les autres sont *chimiques*; les autres enfin sont *organiques*.

ART. Ier. — ACTION MÉCANIQUE DE L'AIR

Par suite des différences de température et de densité que subissent les couches atmosphériques, il se produit des courants d'air qui désagrègent, transportent, déposent certains éléments de l'écorce terrestre.

I. Effets de désagrégation. — L'air désagrège les roches de plusieurs façons : par simple *variation de température*, lorsque le froid fend les pierres en congelant l'eau qu'elles contiennent, lorsque les silex éclatent sous les chauds rayons du soleil; par les *alternatives de sécheresse et d'humidité*, qui ont pour effet de réduire certaines roches à l'état de poussière; par *action de masse*, lorsque le vent sépare des éléments qui n'étaient retenus ensemble que par un lien très faible. L'air détruit aussi les roches par l'*action chimique* de ses éléments : nous y reviendrons plus loin.

Grâce à ces actions multiples, les roches sont réduites en fragments parfois très menus, et même en poussière facile à transporter.

II. Effets de transport. — L'air en mouvement est doué d'une certaine force. Dans les cyclones, cette force est assez puissante pour arracher des arbres, abattre des maisons, transporter des objets d'un certain poids. Le vent ordinaire transporte du moins des poussières ; et, s'il a une certaine violence, même des grains de sable. C'es: ce qu'il est aisé de constater sur les grands chemins et sur les plages.

III. Effets de dépôt. — Là où le vent perd sa force, les éléments transportés se déposent et s'accumulent ; ainsi se sont formés les *dunes* et le *lœss*.

Les *dunes* (*fig.* 1 et 2) sont des monticules de sable s'é-

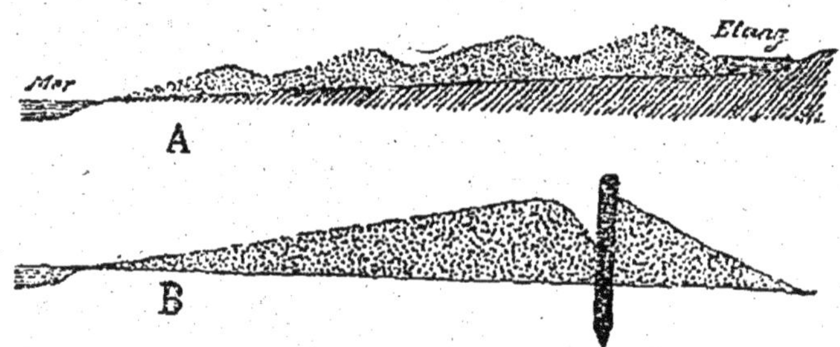

Fig. 1 et 2. — *Les Dunes maritimes.*

A, chaîne de dunes au bord de la mer : étang formé au delà de la barrière de sable. — B, comment se forment les dunes : les grains de sable, emportés par le vent, buttent contre un obstacle.

levant parfois à plus de 100 mètres de hauteur. Un obstacle quelconque atténuant la force du vent détermine le dépôt du sable transporté et la formation des dunes. Les *dunes maritimes* forment des cordons qui dessinent les rivages de la mer. Elles sont disposées par petites chaînes parallèles : les dunes les plus basses sont au bord de l'eau, les dunes les plus élevées s'avancent dans les terres. — Les *dunes sahariennes* sont généralement plus hautes que les dunes maritimes : étant aussi plus instables, elles sont pour les caravanes du désert une menace perpétuelle.

Toutes les dunes sont instables et intermittentes dans leur formation. — *Instables*, elles se déplacent annuellement. Pour empêcher les dunes maritimes d'ensevelir sous le sable les villages voisins, on les fixe par des plantations de longues herbes et de sapins. — *Intermittentes dans leur formation*, elles peuvent croître notablement en une seule tempête, puis demeurer longtemps sans subir de changements notables.

Le *lœss* est ce dépôt de terre plus ou moins meuble, que la culture utilise, et qui recouvre à peu près partout les terrains géologiques. Il est formé principalement d'argile, avec des sables et des graviers, ainsi que du calcaire. Cette couche, qui a généralement moins d'un mètre d'épaisseur, qui atteint 50 mètres dans la vallée du Rhin, plusieurs centaines de mètres dans les plaines arrosées par les grands fleuves de la Chine, est due pour une bonne part au transport par l'air des poussières et des grains de sable. Les dépôts de poussière et de duvet que nous remarquons si bien sur nos cheminées de marbre peuvent nous aider à comprendre que partout, même sur les collines élevées, nous trouvions des couches de lœss.

ART. II. — ACTION MÉCANIQUE DE L'EAU

Idée générale de l'action de l'eau. — L'eau est l'agent extérieur qui agit le plus puissamment sur l'écorce terrestre pour la remanier et la niveler. — Elle désagrége les roches en les imbibant et en dissolvant certaines parties ; dans son mouvement, elle entraîne les fragments désagrégés ; là où sa force diminue, elle dépose les éléments solides qu'elle a transportés.

L'eau réalise ces travaux géologiques en parcourant, grâce à l'action du soleil, un cercle fort intéressant. La chaleur solaire transforme en vapeurs la surface des Océans. Ces vapeurs s'élèvent dans l'atmosphère, sont transportées par les vents dans les régions froides, boréales ou montagneuses. Là, elles se condensent en nuages et tombent en pluies ou en neiges. Les pluies donnent chaque année une nappe d'eau qui s'élève en moyenne à 58 centimètres de hauteur. Évidemment les pluies sont beaucoup plus abondantes sur les versants des chaînes de montagnes que dans les plaines.

L'évaporation enlève chaque année plus des deux tiers des eaux de pluie. Le reste ruisselle sur les pentes ou s'infiltre dans les terrains meubles : cette part retourne à la mer, en opérant sur son passage les travaux géologiques que nous allons étudier.

Les eaux sauvages, les torrents, les rivières, sont l'effet du ruissellement sur les pentes ; les eaux d'infiltration opèrent leur travail dans le sein de l'écorce.

I. Eaux sauvages. — Les *eaux sauvages* sont celles qui ruissellent sans règle sur les pentes, en dehors du lit des torrents et des rivières. Elles s'écoulent librement sur le flanc des collines, désagrégent le sol, emportant les parties meubles, entraînant parfois des fragments considérables de roches : ces matériaux entraînés se déposent d'ordinaire au fond de la vallée, dès que l'eau perd sa force en perdant sa pente. — Ce sont les eaux sauvages qui ont formé ces blocs énormes que des mains de géants semblent avoir dressés dans les régions montagneuses (*fig.* 3) ; les parties meubles qui entouraient ces blocs ont été enlevées par les eaux, et la masse demeurée compacte reste seule debout.

II. Les torrents. — Les *torrents* sont des cours d'eau *violents* et *intermittents*. Comme ils coulent sur des pentes assez raides, ils acquièrent une grande puissance et peuvent déplacer des roches considérables. Ils débitent en peu de temps l'eau tombée dans leur cirque ; aussi sont-ils souvent à sec, et la végétation s'établit même sur leur lit.

Formation. — Un torrent se forme dans un *cirque* ou *bassin de réception*. On appelle ainsi un ensemble de montagnes disposées en entonnoir et aboutissant à une même vallée étroite. Les eaux tombées sur les flancs de ces montagnes descendent avec une grande vitesse, s'accumulent au fond de l'entonnoir et s'échappent par masses énormes du côté où une porte est ouverte. — La voie que suit le torrent est un défilé étroit qui porte le nom de *couloir*; là, sur une pente assez raide, les eaux s'écoulent tumultueuse-

Fig. 3. — *Effets de l'érosion des eaux sauvages. Masses de roches dénudées par les eaux.*

ment. — Le couloir aboutit, après un parcours plus ou moins long, à une plaine ou à un lac; la diminution de la pente, l'élargissement du lit, la résistance des eaux du lac, sont autant de causes qui affaiblissent tout à coup la force des eaux et déterminent le dépôt des matériaux transportés.

Travail. — Dans le bassin de réception, les eaux sauvages dénudent les montagnes et entraînent des roches de toutes dimensions au fond de l'entonnoir. — Dans le cou-

loir, les eaux creusent le fond du lit (travail d'*affouillement*)
et détruisent les bords (travail d'*érosion*) ; elles entraînent,

Fig. 4. — *Les parties d'un torrent.*

On voit, en haut, le cirque ou bassin de réception ; au milieu, le couloir où les
eaux s'écoulent ; en bas, le cône de déjection, formé par la chute des matériaux
à l'entrée de la plaine.

suivant la force que leur communique la pente, les boues,
les sables, les galets ; les blocs trop considérables, détachés
des rives, restent au milieu du courant. — Arrivé dans la

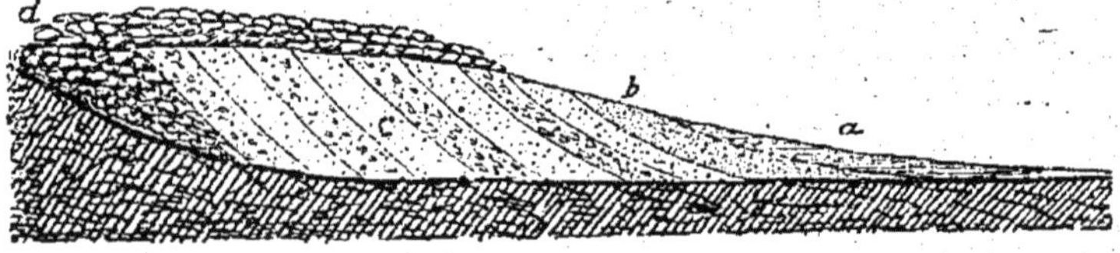

Fig. 5. — *Coupe schématique d'un delta torrentiel.*

On voit à gauche comment le lac se comble : les galets s'arrêtent d'abord,
puis les graviers, enfin les sables.

plaine, le torrent laisse tomber les matériaux qu'il portait :
les galets d'abord, puis les graviers et les sables ; alors se
forme un *cône de déjection* (*fig.* 4). S'il aboutit à un lac, le
torrent forme un delta (Δ), dont la pointe est tournée
vers le couloir (*fig.* 5). -

Fixation. — Un torrent perd peu à peu son énergie et se fixe à l'état de cours d'eau pacifique. En effet, la pente du couloir diminue progressivement; le couloir se creuse en amont et se remblaie en aval. A mesure que le bassin de réception se dénude, les matériaux entraînés sont moins puissants. Enfin, la végétation, en s'établissant sur les pentes du bassin et sur le lit même du torrent, divise les eaux et facilite leur infiltration; de là une diminution notable de force mécanique.

III. Les Rivières. — Les *rivières* sont des cours d'eau

Fig. 6. — *Vallée espagnole, creusée à travers un plateau.*

permanents, réguliers, ne sortant de leur lit qu'au temps des grandes *crues*. Elles sont formées par des eaux tombées sur des terrains à faible pente, imperméables ; elles coulent sur un lit dont la pente est faible aussi. Leurs effets sont moins violents que ceux des torrents, mais ils sont continus.

Action des rivières sur leur cours. — Les rivières opèrent sur leur cours un triple travail de destruction, de transport, de dépôt.

Destruction. — Les rivières élargissent et creusent leur lit. Elles *rongent* peu à peu les bords concaves de leur lit,

surtout à l'époque des pluies, où la force du courant aug-
mente : mais dans les fleuves dont le régime est bien fixé,
cet effet est peu sensible, et il est d'ordinaire compensé
par les dépôts de sable et de boue qui se font sur les bords
convexes. — Elles *creusent* le fond de leur lit : par cette
action d'affouillement se sont formées les vallées profondes
de nos grands fleuves (*fig.* 6). Mais cette action n'a pas
toujours la même intensité : c'est pourquoi nos vallées fluviales, avec leurs séries de terrasses placées à divers
étages (*fig.*7 et 8), attestent qu'elles ont été creusées d'une
façon intermittente. De plus, il y a dans le lit des fleuves

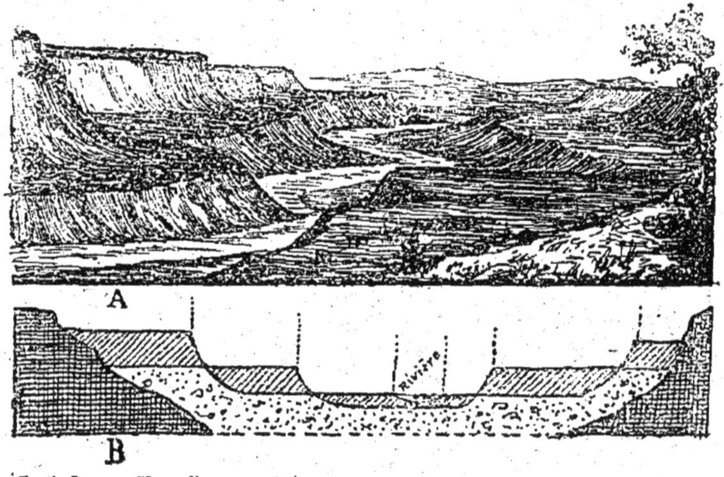

Fig. 7 et 8. — *Vue d'une vallée d'erosion à terrasses de diverses hauteurs.*
A, vue en perspective ; B, vue en coupe transversale.

des endroits à pente moins rapide où le comblement se fait
plutôt que l'affouillement. Parfois l'affouillement du lit
n'est pas uniforme, parce que certaines roches offrent une
résistance à l'action des eaux : tant que la roche dure
demeure en saillie, elle donne lieu à des cascades ou des
cataractes, comme celles du Niagara (*fig.* 9).

Transport. — Les eaux des fleuves transportent des
matériaux arrachés à l'écorce terrestre. Nous ne parlons
pas ici des substances dissoutes, mais seulement des corps
mécaniquement entrainés : boue, sable, graviers, galets.
Autrefois nos fleuves français transportaient des galets ou

cailloux roulés de la grosseur d'un œuf : mais leur puissance mécanique s'est affaiblie, et ils ne charrient plus que de la boue, du sable et des graviers. — La force mécanique dépend de la vitesse des eaux, et par conséquent de la pente du lit.

Construction. — Les eaux fluviales forment des dépôts, dès que leur vitesse diminue. Ces dépôts portent le nom d'*alluvions*. En tout temps les alluvions se déposent sur les bords convexes où le courant perd sa force : on y voit s'accumuler les graviers et les sables. Mais, au temps des grandes crues, quand le fleuve déborde, il entraîne ses alluvions dans toute la plaine qu'il envahit. Dès que les eaux se sont étendues sur la vallée, elles perdent leur

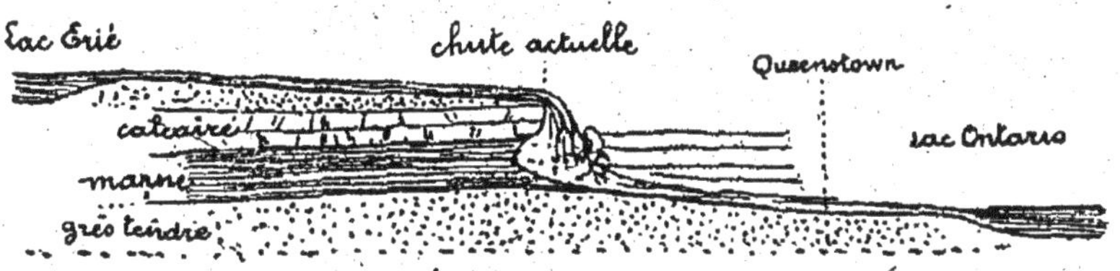

Fig. 9. — *Coupe schématique des chutes du Niagara.*

Le calcaire résistant repose sur une couche d'argile. L'argile se creuse peu à peu sous le calcaire : à la fin, le calcaire se brise et tombe, reculant ainsi le lieu de la chute.

puissance mécanique : on voit alors les graviers se déposer, puis les sables par dessus et enfin les boues et les débris végétaux. Les alluvions des grandes crues présentent toujours les mêmes matériaux dans le même ordre : cela permet de compter le nombre de grandes crues qui ont couvert une plaine depuis une époque déterminée.

Action des rivières à leur embouchure. — Les fleuves aboutissent généralement à la mer. Il y a pourtant des fleuves qui se perdent dans de vastes plaines : si l'évaporation suffit à débiter l'eau qui arrive, il ne se forme pas de mer intérieure : en Chine on en trouve plusieurs exemples ; — si l'évaporation ne suffit pas à débiter l'eau qui arrive, il se forme une mer intérieure : c'est le cas de la mer Caspienne, qui reçoit l'Oural et le Volga.

Les rivières amènent annuellement à la mer environ 23 000 kilomètres cubes d'eau. Ces eaux contiennent environ 10 kilomètres cubes de matières en suspension, boue et sable, et environ 5 kilomètres cubes de matières en dissolution. Ainsi les eaux courantes enlèvent chaque année à la terre ferme un volume de 15 kilomètres cubes.

Les matières dissoutes sont entrainées dans la masse océanique. — Mais les matières en suspension ne tardent pas à se déposer, d'abord les graviers, puis les sables : les boues sont entrainées plus loin, parfois jusqu'à 200 kilomètres du rivage.

Au moment où les eaux d'un fleuve rencontrent les eaux de la mer, elles perdent subitement une part de leur vitesse et de leur puissance mécanique : les éléments qu'elles tenaient en suspension tombent au fond, formant des barres et des deltas.

Barres et deltas. — Une *barre* est un simple cordon de matériaux déposés par le fleuve à son embouchure : elle se forme dans les estuaires profonds, balayés sans cesse par les courants marins ; ces courants, ainsi que les hautes marées, ne permettent pas aux matériaux de s'accumuler et d'encombrer les estuaires. Néanmoins les barres s'élèvent parfois assez pour gêner notablement la navigation. — Un *delta* (*fig.* 10) est une masse de forme triangulaire, comme la lettre grecque Δ : il se forme dans les estuaires peu profonds, calmes, sans courants et sans grandes marées. Le delta commence par un cordon : alors les matériaux se déposent en arrière, encombrant vers l'amont l'embouchure du fleuve. Les eaux du fleuve doivent se frayer un chemin à travers le delta : c'est ce qui a donné lieu aux nombreuses ramifications ou *bouches*, par lesquelles certains fleuves, comme le Rhône et le Nil, se jettent à la mer.

IV. Eaux d'infiltration. — Les eaux qui tombent sur des terrains perméables à faible pente, ne ruissellent pas, mais s'infiltrent dans le sol.

Il y a deux sortes de terrains perméables : les terrains

meubles, composés de sables et de graviers, à travers lesquels l'eau passe aisément ; les terrains *fissurés*, composés de calcaires ou de grès fendillés, qui présentent aux eaux de pluie une canalisation naturelle.

Dans les terrains meubles. — Les eaux qui imbibent les terrains meubles alimentent les *sources*. Les *sources* sont des nappes d'eau souterraines qui s'épanchent à la surface du sol. Une source ne peut être abondante que s'il existe,

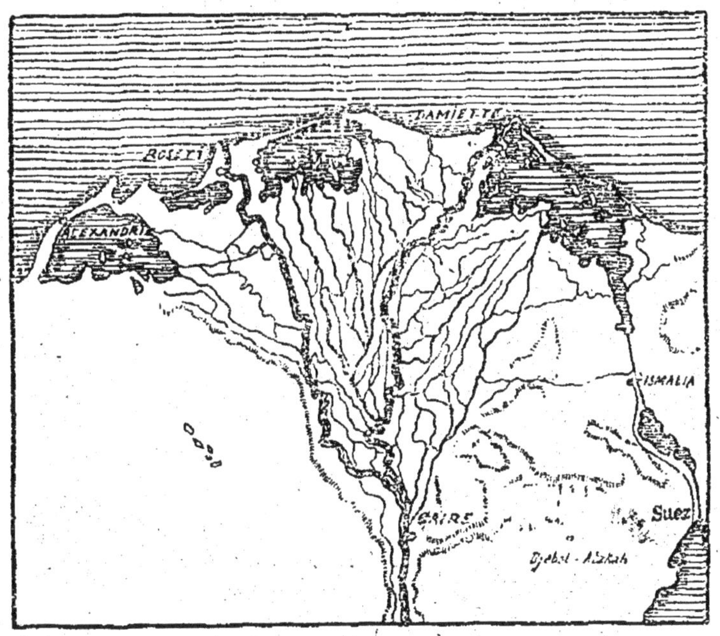

Fig. 10. — *Delta du Nil.*

à une certaine profondeur, une couche imperméable, comme l'argile, qui puisse retenir les eaux infiltrées. La source trouve naturellement à s'épancher sur le flanc d'une colline, là où la couche imperméable vient à affleurer (*fig.* 11). On peut aller par le creusement des puits, au-devant de la nappe d'eau.

Lorsque la nappe d'eau est comprise entre deux couches imperméables, et qu'elle descend à une grande profondeur, elle peut produire des *sources jaillissantes.* C'est ce qui arrive pour les *puits artésiens*, par exemple pour les puits artésiens de Grenelle et de Passy, à Paris. Les eaux tombées sur les sables verts qui affleurent en Champagne

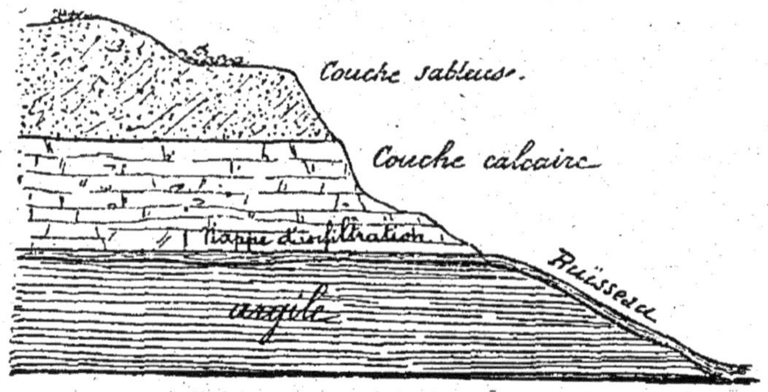

Fig. 11. — *Formation des sources.*

Les eaux pluviales imbibent la couche sableuse, traversent la couche calcaire par ses fentes, sont arrêtées par l'argile : la nappe liquide s'écoule au point où la pente coupe le niveau argileux.

et dans l'Ardennais s'infiltrent dans le sol, suivent l'inclinaison des couches géologiques, si bien qu'au-dessous du sol parisien elles forment une nappe d'eau, à plus de

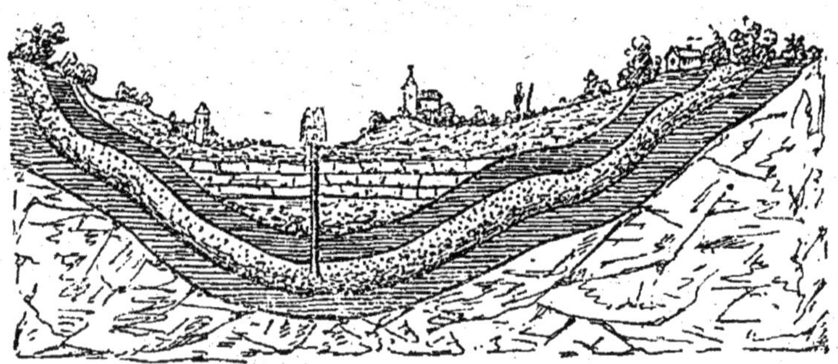

Fig. 12. — *Coupe schématique du bassin parisien, montrant le puits artésien de Grenelle, à Paris.*

500 mètres de profondeur. Des puits ont été creusés jusqu'à ce niveau : les eaux, trouvant alors à s'écouler, s'élèvent jusqu'à 40 mètres au-dessus du sol (*fig.* 12).

Dans les terrains fissurés. — Les eaux qui pénètrent

dans les terrains fissurés en élargissent les fentes, tant par dissolution que par érosion, creusent des allées et des grottes souterraines, puis s'accumulent dans d'immenses lacs souterrains. De ces lacs s'échappent, soit des sources intermittentes (*fig.* 13), soit des cours d'eau réguliers qui alimentent les rivières qui coulent à ciel ouvert. Aux États-Unis, dans le Kentucky, on a exploré des cavernes mesurant jusqu'à 15 kilomètres de longueur.

Ces eaux souterraines minent peu à peu le sol. Ainsi se

Fig. 13. — *Source intermittente.*

L'eau commence à couler lorsque le réservoir intérieur atteint le niveau A ; elle coule comme par un siphon jusqu'à ce que l'air soit au niveau du canal d'écoulement ; l'écoulement s'arrête ensuite jusqu'à ce que le niveau d'eau soit de nouveau en A.

préparent ces *effondrements* énormes qui se produisent lorsque les voûtes de ces cavernes profondes sont incapables de se soutenir.

V. Action de la mer. — L'action géologique des eaux marines est beaucoup moindre que celle des eaux courantes. En effet, tandis que les eaux des fleuves entraînent à la mer 15 kilomètres cubes de matières en suspension ou en dissolution, arrachées à la terre ferme, la mer ne déplace annuellement que trois dizièmes de kilomètre cube, soit cinquante fois moins. On a donc raison de dire qu'au point de vue géologique la mer fait plus de bruit que de travail. — Son travail est double : elle attaque les rivages, elle forme au large des dépôts de sédimentation.

Érosion des rivages. — La mer n'agit point sur son fond : elle n'entame que ses rivages. Les *vagues de tempête* et les *marées* de tous les jours sont les agents de destruction. — Le sol des rivages, détrempé par les eaux d'infiltration, fendillé par les actions chimiques ou par les brusques alternatives de chaud et de froid, n'offre pas une grande résistance à l'effort des vagues. S'il est disposé en hautes falaises, il s'écroule par grosses masses, que les eaux de chaque marée débitent ensuite peu à peu.

Les éléments que la mer arrache ainsi aux rivages sont des galets, des graviers, des sables et des boues : les blocs considérables ne peuvent être déplacés par les vagues.

Il ne faut pas croire que tous les rivages soient également entamés par la mer : si elle empiète en certaines régions sur la terre ferme, elle perd en d'autres endroits. D'après M. de Lapparent, « il serait excessif d'admettre que l'érosion marine fit reculer l'ensemble des côtes, en moyenne, de plus de *trois mètres par siècle* ».

Sédimentation. — Nous avons à dire ce que deviennent les éléments que l'érosion marine et les fleuves ont arrachés à la terre ferme et jetés dans la mer. Ce sont des galets, des graviers, des sables fins, des boues et divers débris organiques.

Les *galets*, ou fragments de pierre de la grosseur d'un œuf, ne sont remués par les vagues que dans les grandes tempêtes. En se roulant contre les rochers et en se frottant les uns contre les autres, ils se polissent. Ils se rencontrent en cordons, principalement dans les découpures des rivages, là où la mer n'arrive que dans les fortes marées. Les vagues ont été assez puissantes pour les amonceler : elles ont été trop faibles pour les ramener à la mer.

Les *graviers* et les *sables,* plus faciles à transporter, ont été entrainés plus loin des côtes. Les vagues de tempête surtout les tenaient en suspension : lorsque la tempêté s'affaiblit, tous ces éléments tombent sur le fond, par ordre de densité, les graviers d'abord, puis le gros sable, puis le sable fin... Comme tous ces débris se déposent horizontalement, le phénomène porte le nom de *sédimentation.* A chaque fois qu'une nouvelle tempête provoque une formation nouvelle, on voit la série des graviers se déposer sur le lit des sables fins : de la sorte il se produit une série de couches distinctes, ou *strates*, qui enregistrent en quelque sorte l'histoire des phénomènes marins.

Les *boues* sont entraînées plus au large, parce qu'elles restent plus longtemps en suspension dans l'eau : elles forment autour des côtes une ceinture de 300 kilomètres environ. Le courant des grands fleuves peut cependant les porter à de plus grandes distances.

Quant aux *êtres vivants*, ils ne laissent parmi les sédiments que les parties solides de leur squelette, os, dents, coquilles... Ces restes demeurent généralement enfouis dans les régions habitées par les animaux dont ils sont la dépouille. Il arrive pourtant que les courants les entraînent assez loin : ainsi des coquilles de rivage peuvent être transportées au large et réciproquement.

Au sujet des dépôts marins deux observations d'une importance capitale doivent être faites : 1° Il ne se forme pas des sédiments sur tout le fond des mers : au delà de 300 kilomètres, il n'arrive presque aucun débris : les Globigérines mêmes, dont nous parlerons plus loin, ne forment de dépôts crayeux que dans des régions limitées. Ainsi, tandis que près des rivages, surtout au voisinage des grands fleuves, les sédiments s'accumulent, rien ne se forme dans la plus grande partie des océans; 2° Là où il se forme des sédiments, les couches ne se ressemblent pas : au même moment, ici se déposent des graviers, là des sables, plus loin des boues, ailleurs une bouillie calcaire de coquilles microscopiques. Donc, lorsqu'il s'agit de l'histoire du passé, il ne faudra pas croire que le ter-

rain déposé dans une région, à une époque donnée, doive
se retrouver identique dans tous les lieux de la terre, ou
même d'un pays.

ART. 3. — ACTION MÉCANIQUE DE LA GLACE

Les glaces sont les plus puissants agents géologiques
externes : elles déplacent des blocs énormes, qu'aucune
autre force ne pourrait transporter. Nous considérerons

Fig. 14. — *Vue générale d'un glacier.*

successivement les *glaciers des montagnes*, les *glaces polaires* et les *glaces des rivières*.

1° **Glaciers des montagnes.** — Les *glaciers des montagnes* sont des fleuves de glace, à marche lente, qui débitent peu à peu les neiges persistantes, et transportent d'é-
normes blocs ou *moraines*.

Formation. — Dans les régions montagneuses (*fig.* 14),
la vapeur d'eau se condense et tombe en cristaux de neige.
Une partie de la neige fond sur place et alimente avec

régularité les cours d'eau. Sur les hauteurs les plus froides les neiges sont *éternelles* ou *persistantes*. A force de s'amonceler, elles forment des paquets ou *avalanches*, qui tombent dans les vallées en causant parfois de grands dégâts. Souvent ces paquets de neige fondent. Mais, dans les cirques montagneux, ils forment de tels monceaux que la fusion ne peut les débiter entièrement : alors commence le fleuve de glace.

Dans l'entonnoir du cirque montagneux, la neige passe, grâce à une fusion partielle, par plusieurs états successifs. Elle présente d'abord l'aspect d'une poussière blanche très mobile, composée de grains arrondis. Ces grains adhérant ensemble par la congélation de la première eau de fusion, il se forme une masse à demi compacte qu'on nomme *névé*. Enfin, par la combinaison de la fusion partielle et du regel qui la suit, et sous l'influence de la pression qu'elle subit, la masse de glace devient tout à fait compacte et forme le glacier proprement dit.

Mouvement. — Le glacier avance comme un fleuve, mais lentement : sa vitesse moyenne est de $0^m,30$ en vingt-quatre heures. Cette vitesse varie beaucoup, d'abord suivant le point du glacier que l'on considère, puis suivant l'influence des facteurs de la progression.

Plusieurs facteurs concourent au mouvement des glaciers : la *pente*, la *pression* exercée en arrière par les monceaux de neige, le *nombre des fissures capillaires* produites dans la masse, enfin la *température*, qui active la fusion à la surface et rapproche le fleuve glacé du fleuve liquide. — Durant ce mouvement il se produit des crevasses larges et profondes, la glace prend un aspect tourmenté à crêtes et à aiguilles saillantes : on dirait une mer en furie dont les vagues soulevées ont été brusquement solidifiées.

Travail. — Un glacier transporte tous les blocs, quelque pesants qu'ils soient, que les avalanches de neige ont arrachés au flanc des montagnes, soit dans le cirque, soit le long du parcours. Ces blocs ou *moraines* sont ordinairement sur les côtés du fleuve de glace. Lorsque deux glaciers se sont réunis dans une même vallée, les deux *moraines latérales* qui se sont rencontrées forment une moraine centrale (*fig*. 15, 16, 17). Aux temps quaternaires, le grand glacier du Rhône transporta jusque sur la montagne de Fourvières, à Lyon, des blocs de pierre arrachés au sommet des Alpes.

Déplacement du front. — Le *front* d'un glacier est son

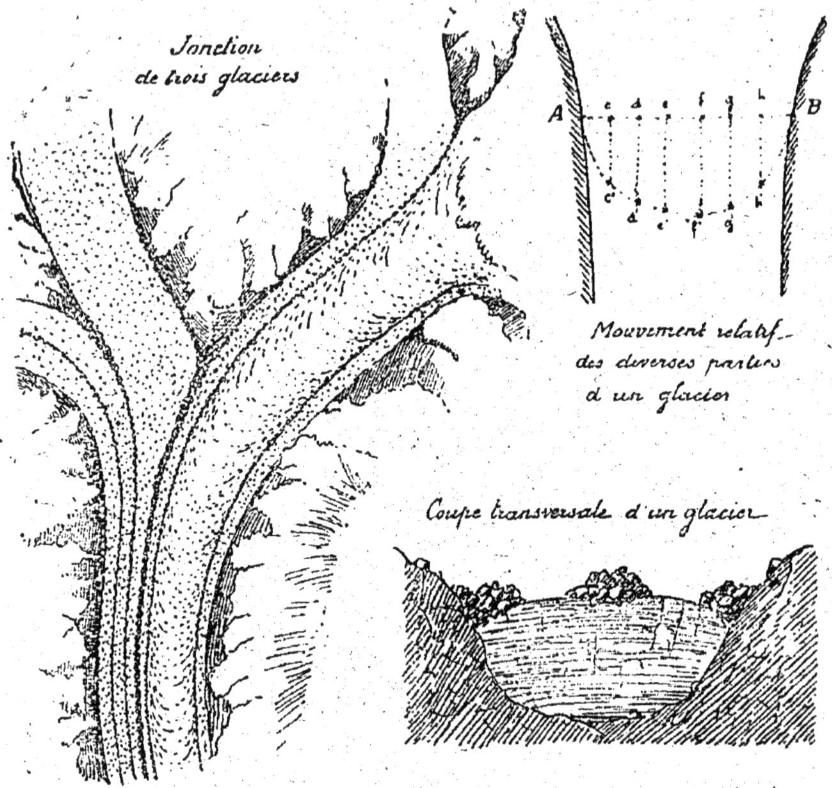

Fig. 15, 16, 17. — *Étude des glaciers*.

A gauche, jonction de plusieurs glaciers. — A droite, en haut, vitesse du glacier en différents points ; en bas, coupe verticale transversale de la vallée glacière avec moraines latérales et centrale.

extrémité antérieure. Le front de la *Mer de Glace*, en Suisse, est à 12 kilomètres du cirque où le glacier se forme. Lorsque l'alimentation, produite par les chutes de neige, l'emporte sur l'ablation ou fusion, le front du glacier progresse, poussant en avant les *moraines frontales*. Au contraire, si l'ablation l'emporte sur l'alimentation, le front du glacier recule, abandonnant sur le fond de la vallée ses moraines frontales (*fig.* 18 et 19). — Un hiver riche en neiges ne fera sentir son influence sur le front du glacier qu'au bout d'un temps très long, trente ans environ pour les glaciers actuels des Alpes. Au contraire, un été chaud produira sans retard son effet d'ablation. — Remarquons que le glacier marche dans des vallées dont la température est assez douce ; il est parfois entouré d'une riche végétation. Aussi

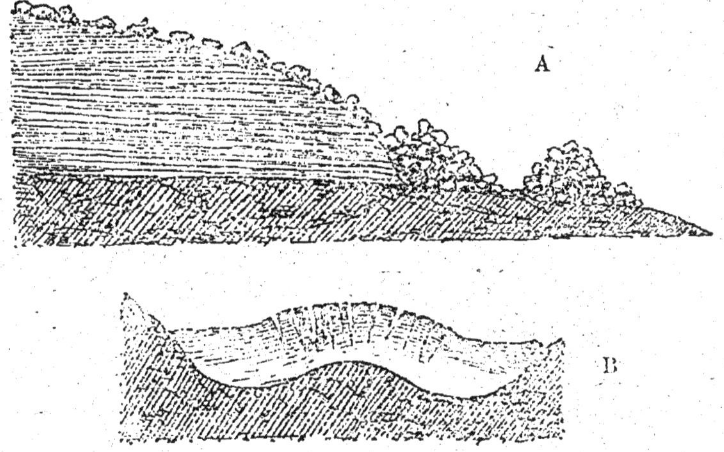

Fig. 18 et 19. — *Coupes schématiques d'un glacier.*
A, coupe transversale avec grandes crevasses. — B, coupe longitudinale
d'un glacier en recul : on voit les moraines frontales qu'il abandonne.

la fusion qui se produit à sa surface détermine, sous la masse glacée, un véritable fleuve liquide.

En traversant une gorge montagneuse, le glacier *polit* les roches encaissantes, *moutonne* le fond sur lequel il passe. A ces signes on reconnaît les régions qui ont été autrefois envahies par les glaciers.

2° **Glaces polaires.** — Le Spitzberg est en partie recou- vert par une calotte glacée ayant, pense-t-on, un kilo- mètre et demi d'épaisseur. Il en est de même du Groenland, où la lisière du sud-ouest est seule habitable.

Ces glaciers polaires descendent aussi des montagnes : ils n'entraînent point de moraines ; latérales, mais ils balaient le sol, emportant les blocs qu'ils rencontrent à l'état de *moraines profondes*.

Lorsqu'ils arrivent à la mer, ils se brisent en fragments énormes que les courants entraînent. Ce sont de véritables montagnes flottantes (*ice-bergs*), si justement redoutées des voyageurs sur les côtes atlantiques de l'Amérique du Nord. Quoique la partie émergée soit sept ou huit fois plus petite que l'autre, elle s'élève parfois jusqu'à 140 mètres.

Dans les régions polaires, l'eau de mer se congèle sur

Fig. 20. — *Ice-berg, ou montagne de glace flottante.*

les côtes jusqu'au fond. Au moment de la débâcle, il s'en détache de gros fragments ou *banquises*, qui entraînent au large des matériaux enlevés aux rivages. Les banquises, quoique moins considérables que les ice-bergs, sont néanmoins redoutées des navigateurs.

3° Glaces des rivières. — Les glaces qui se forment à la surface des rivières et des lacs n'opèrent aucun travail géologique. Mais parfois, durant les nuits claires, il se forme au fond des rivières des plaques de glace, qui, soulevées par leur faible densité, déplacent des galets que le courant de la rivière n'aurait point transportés.

ART. 4. — ACTIONS CHIMIQUES

Sous le nom d'*actions chimiques* on entend les modifications qu'éprouvent, quant à leur constitution même, les roches de l'écorce terrestre. Ces actions consistent dans la destruction ou altération des roches existantes, dans la formation de roches nouvelles.

I. Altération chimique des roches. — Les roches peuvent être altérées soit par dissolution, soit par corrosion.

Dissolution. — Les eaux de pluie, soit qu'elles ruissellent à la surface du sol, soit qu'elles s'infiltrent dans les terraius perméables, *dissolvent* un certain nombre de substances, comme le sel gemme, le gypse ou pierre à plâtre, le calcaire... Les eaux qui traversent des bancs de sel gemme donnent lieu à des *sources salées*, comme les Salins de la Lorraine et du Jura. Les eaux qui traversent des bancs de gypse ou pierre à plâtre donnent lieu à des *sources séléniteuses*, comme celles de Montmartre.

Corrosion. — La *corrosion* des roches transforme la nature même des substances : elle s'exerce principalement sur les roches granitiques, sur les calcaires et sur les roches ferrugineuses.

Le *granite* se compose de trois éléments juxtaposés : du quartz, du fedspath et du mica. L'air humide, chargé d'acide carbonique, attaque le feldspath et le transforme en un carbonate et en argile : ce carbonate, de chaux, de potasse ou de soude, suivant la nature du granite, est entraîné par l'eau ; l'argile forme une poussière que le vent emporte ou que l'eau met à l'état de vase. Une fois le feldspath attaqué, le quartz se détache du granite, et ses grains arrondis par le frottement forment le gravier et le sable : les petites pailletes de mica se détachent aussi et forment ces petites facettes brillantes qu'on remarque sur le sable des plages.

Le *calcaire* ou carbonate de chaux est attaqué par l'eau

chargée d'acide carbonique, et il devient du bicarbonate de chaux très soluble que les eaux entraînent.

Les *sulfures de fer*, très abondants en certains sols, et qui ne font nulle part complètement défaut, sont aussi attaqués par l'eau chargée d'acide carbonique. Ils deviennent d'abord des carbonates de fer, puis des sesquioxydes hydratés qui colorent en teinte de *rouille* les terrains où ils se déposent.

II. Dépôts chimiques. — D'après ce que nous venons de voir, toutes les eaux contiennent un grand nombre de substances en dissolution. Les fleuves, par exemple, jettent annuellement dans la mer cinq kilomètres cubes ou cinq milliards de mètres cubes de substances dissoutes. Les eaux seraient donc vite saturées, si ces éléments dissous ne changeaient pas d'état. Ils changent d'état, soit en précipitant par évaporation, soit en étant utilisés par les êtres vivants.

Les *dépôts calcaires* sont les plus nombreux. — L'eau des sources chargées de calcaire, lorsqu'elle s'évapore sur les herbes et les mousses au flanc des vallées, les incruste de carbonate de chaux et forme des *tufs* : c'est cette propriété qu'on utilise à la fontaine Saint-Allyre de Clermont, pour pétrifier ou plutôt incruster les objets sur lesquels on fait évaporer l'eau. — L'eau qui suinte dans les grottes, en s'évaporant, laisse précipiter des calcaires qui forment des cônes sur le plafond et sur le plancher des cavernes : ce sont les *stalactites* et les *stalagmites* (*fig.* 21). Lorsque les stalactites sont assez allongés pour rejoindre en bas les stalagmites, ils forment ensemble de véritables colonnes amincies en leur milieu. — L'évaporation des lacs chargés de calcaire donne lieu à un précipité très compact qu'on nomme *travertin* : ce phénomène est très sensible dans certains lacs des environs de Rome. — De même les eaux marines, dans les régions tropicales, peuvent aussi déposer par évaporation de véritables travertins qui lient, comme un ciment, les objets meubles des rivages (*fig.* 22).

Les *dépôts de sel marin* ou chlorure de sodium peuvent

se faire naturellement ou artificiellement. — Sur les bords
de la mer Noire et de la mer Caspienne, ainsi que dans les
lacs Amers qui font suite à la mer Rouge, les invasions
d'eaux marines, au temps des hautes marées, ont donné

Fig. 21. — *Grotte à stalagmites et stalactites.*

lieu à des dépôts considérables de sel gemme produits par
évaporation. — Dans les *marais salants* des bords de l'Atlantique et de la Méditerranée, on provoque artificiellement
les dépôts de sel en exposant au soleil, dans de petits parcs
bien fermés, une certaine quantité d'eau salée.

Avec le sel marin, l'eau contient en dissolution du *gypse* qui, en précipitant, forme la pierre à plâtre. Ce sont des gisements de ce genre qu'on exploite dans les plâtrières comme celles d'Argenteuil, près Paris. Le gypse est un sulfate de chaux hydraté.

Les eaux contiennent aussi en dissolution une certaine quantité de *silice*. En précipitant sur les côtes sableuses, la silice lie entre eux les grains de sable et forme les *grès*. Si elle se substitue à du calcaire, comme cela se fait dans certains sols, elle forme des *meulières*. Si elle se dépose en cristaux dans les fissures des roches ou au centre de cavités en géodes, elle forme du *quartz* cristallisé. Nous ver-

Fig. 22. — *Conglomérat ou Poudingue.*

Les galets et les graviers sont liés par un ciment résultant de l'évaporation.

rons plus loin que l'évaporation des eaux de certains geysers donne une silice de couleur lactescente, appelée geysérite.

Le *fer* se dépose à l'état de carbonate formant alors de la *sidérose*, ou à l'état de sesquioxyde, formant la *rouille* dont certains terrains sont plus ou moins colorés.

Dans le fond des hautes mers, là où ne se forment ni sédiments ni vases de globigérines calcaires, on trouve un dépôt d'*argile rouge*, qui se fait avec une extrême lenteur.

ART. 5. — ACTIONS ORGANIQUES

Les êtres vivants sont, au point de vue géologique, des travailleurs actifs, qui modifient sans cesse l'écorce ter-

restre. Nous les considérerons à l'œuvre *sur terre* d'abord,
puis *en mer*.

I. Organismes terrestres. — Les Végétaux travaillent

de trois façons à la transformation du sol : en formant la
terre végétale, la tourbe et certains combustibles minéraux.

Terre végétale. — La terre végétale est un sol meuble,
composé d'argile, de sable, de calcaire, de divers sels minéraux et d'un élément organique ou humus, provenant de la

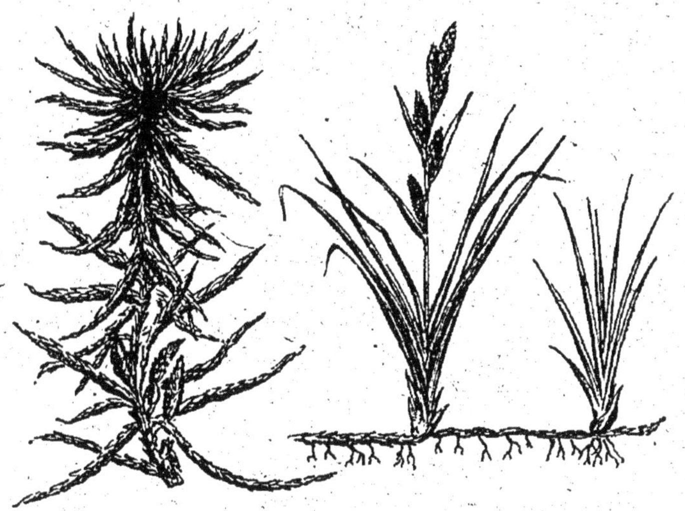

Fig. 23 et 24. — *Éléments formateurs de la tourbe*.
A gauche, une Sphaigne muscinée. — A droite, un *Carex*.

décomposition d'une végétation antérieure.— Or les végétaux concourent à la formation d'un tel sol de plusieurs façons : les herbes permettent à la pluie de l'imbiber, les Lichens et les Mousses altèrent la superficie des roches dures,
les débris de végétaux fournissent l'élément organique qui
constitue l'humus.

Tourbe. — La *tourbe* est un combustible formé aux dépens de végétaux herbacés, surtout des mousses du genre
Sphaigne et des Cypéracées du genre *Carex* (*fig.* 23 *et* 24).
—Ces plantes, vivant baignées dans une eau limpide, sous
un climat froid et humide, végétent par le sommet, tandis

qu'elle se décomposent et se carbonisent par le pied. La tourbe cesse de se former, et les Bruyères s'établissent à la place des Mousses, lorsque l'exhaussement de la tourbière amène le desséchement du sommet.

On remarque, en général, que la tourbe est brune et poreuse à la surface, noire et compacte au fond de la tourbière. Sous la pression, elle se transforme en *lignite*.

Les tourbières se rencontrent dans les régions où se réalisent les conditions d'une atmosphère humide, d'un climat assez froid et d'une eau toujours limpide, par exemple, sur les pentes du Jura et des Vosges, dans la vallée de la Somme, dans les plaines de l'Irlande, de l'Ecosse, de la Prusse, de la Russie occidentale.

Combustibles minéraux. — Dans les régions tropicales, les deltas des grands fleuves sont alternativement le théâtre d'une riche végétation et de forts alluvionnements produits par les crues. Il en résulte que des végétaux, comme herbes, roseaux, cyprès et même chênes verts, sont enfouis dans la vase, où ils sont décomposés et carbonisés à l'abri de l'air. — De même, certains fleuves entraînent des troncs d'arbres, qui forment ensuite comme une ceinture de débris autour des embouchures : enfouis sous le sable ou la vase, ils se carbonisent aussi.

Les **Animaux** terrestres modifient peu le sol. Ils y laissent leur dépouille : mais, à part les os, elle est vite décomposée. Cependant les *Vers de terre*, en mangeant la terre et en creusant leurs tubes verticaux, rendent le sol plus meuble. Les *Fouisseurs*, par leurs galeries souterraines, modifient aussi l'écorce superficielle. Les *Castors*, par les digues et les demeures qu'ils élèvent sur le bord des cours d'eau, ont parfois modifié le régime de certaines rivières.

II. **Organismes aquatiques.** — Les organismes, microscopiques ou autres, qui pullulent dans les eaux, forment des terrains importants, grâce à leur squelette qu'ils ont formé aux dépens des matières minérales dissoutes dans les eaux. Ce ne sont pas les organismes les plus considérables qui jouent le plus grand rôle : ainsi les Poissons et les Cétacés ne laissent presque aucune trace, les Mollusques laissent leur coquille, les Oursins leur test calcaire. Ce sont surtout les organismes microscopiques et les Polypiers qui produisent les plus puissantes assises de terrain.

Organismes siliceux. — Il y a des végétaux, comme les Diatomées, et des animaux, comme les Radiolaires, qui s'entourent d'une petite coque ou enveloppe siliceuse. A mesure qu'ils périssent, leur enveloppe tombe en pluie fine au fond des eaux. Dans les eaux douces, cette farine siliceuse forme le *tripoli,* employé pour le nettoyage des instruments de cuivre. Dans les eaux marines, la vase siliceuse se mêle à la vase calcaire, puis se concrétionne de manière à former des *silex* ou pierres à fusil.

Organismes microscopiques calcaires. — Des algues calcaires, les *Nullipores*, forment une vase calcaire près des rivages. — Au large, surtout dans les régions chaudes, les *Foraminifères*, parmi lesquels on remarque surtout des globigérines, pullulent à la surface des océans. Leurs enveloppes calcaires tombent en pluie fine au fond des eaux, où elles forment une boue crayeuse de même nature que le calcaire de nos terrains crétacés. C'est ainsi que la craie de Meudon, si recherchée pour écrire au tableau noir et pour fabriquer du blanc d'Espagne et de la chaux hydraulique, s'est formée par les coquilles microscopiques des Foraminifères qui vivaient à la surface de l'ancienne mer parisienne.

Coraux. — Les formations coralliennes sont des édifices calcaires élevés par divers organismes, comme les Madrépores, les Millépores, les Astrées, des Bryozoaires, des Nullipores : parmi eux, les Polypes coralliaires occupent le premier rang (*fig.* 25, 26 et 27).

Ces constructions coralliennes exigent trois conditions : une température qui ne descende pas au-dessous de 20 degrés, une eau limpide exempte de sédiments, une distance du niveau d'eau qui ne dépasse pas la profondeur de 37 mètres.

Les récifs coralliens peuvent présenter divers aspects.
— 1° Lorsqu'ils forment une ligne près des rivages, où

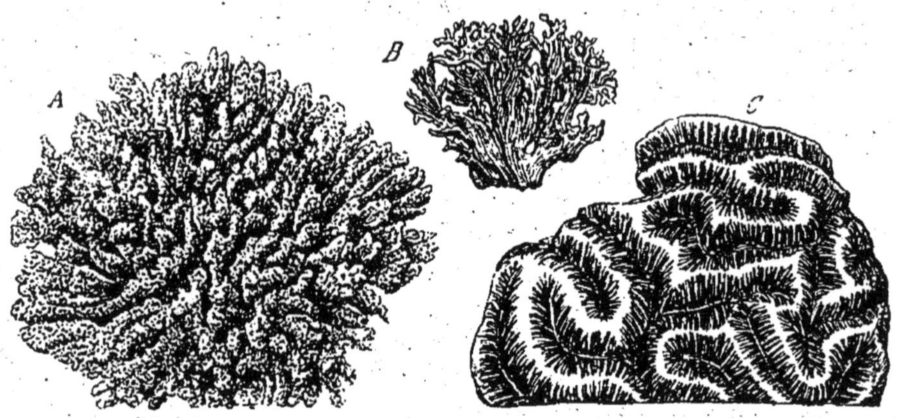

Fig. 25, 26 et 27. — *Éléments formateurs des récifs coralliens.*
Coralliaires : A, Madrépore ; B, Millépore ; C, Méandrine.

les Coraux ont poussé sur des cordons de rochers, on les
nomme *franges* de récifs — 2° Lorsqu'ils forment, loin

Fig. 28 et 29. — *Atoll.*
A, Atoll en perspective, cercle corallien entourant une lagune.
B, coupe verticale de l'Atoll.

des rivages, des lignes signalées par des *brisants* ou
cordons de vagues écumantes, ce sont des *barrières* de
récifs : c'est qu'alors les Coraux ont poussé sur des

chaînes de montagnes sous-marines, dont les sommets sont à moins de 37 mètres de profondeur. — 3° Lorsqu'ils dessinent un cercle, parce que les Coraux ont poussé sur les sommets d'un cirque sous-marin, ce sont des *atolls* (*fig*. 28 et 29).

Souvent les débris de polypiers lancés par les vagues sur les récifs s'élèvent au-dessus du niveau de la mer. Dans le cas des atolls, on voit un anneau de terre ferme entourant une lagune intérieure. Ainsi se forment les îles coralliennes où les vents et les oiseaux apportent ensuite les germes de la végétation.

Des boues et des fragments détachés des récifs coralliens, entraînés ensuite par les vagues, forment une sédimentation corallienne sur les rivages ou sur le fond des mers.

CHAPITRE III

LES PHÉNOMÈNES D'ORIGINE INTERNE

Définition du sujet. — Il y a des phénomènes qui modifient l'écorce terrestre et qui s'opèrent sous l'action de causes internes. Car, il n'est pas douteux que les tremblements de terre et les éruptions volcaniques s'accomplissent sous l'influence d'une énergie souterraine, et non sous l'influence des forces extérieures.

L'*effet* général produit par l'énergie interne est le contraire des effets produits par l'énergie externe. Tous les agents externes tendent au nivellement du sol : ils détachent des montagnes des blocs qu'ils transportent dans les vallées, ils entraînent à la mer, en dissolution ou en suspension, des matériaux enlevés à la terre ferme. Au contraire, l'énergie interne tend à réparer les reliefs, en rejetant en dehors de l'écorce terrestre des éléments qui étaient cachés au-dessous.

Cette énergie interne se manifeste de quatre façons principales : par la conductibilité de la chaleur interne; par les mouvements du sol; par les éruptions volcaniques; par les émanations consécutives aux actions volcaniques.

L'étude de ces phénomènes nous permettra de toucher la question du noyau central incandescent.

ART. 1ᵉʳ. — COMMUNICATION DE LA CHALEUR INTERNE

Plusieurs faits prouvent que la masse intérieure de la Terre possède une température beaucoup plus haute que la surface extérieure de l'écorce.

I. Zones de température invariable. — Pour chaque lieu de la terre, il existe un point, à une certaine profondeur, où la température ne varie jamais dans le cours de l'année. A l'équateur, c'est à 1 mètre de profondeur ; à Paris, c'est à 10 mètres de la surface. Cette température invariable est le degré moyen marqué par le thermomètre en chaque lieu. A Paris, cette température moyenne est de 10°,8. — Par là on s'explique aisément pourquoi les sous-sols semblent froids en été, chauds en hiver : ils sont plus froids ou plus chauds que l'air extérieur tout en restant presque invariables.

II. Augmentation de la température avec la profondeur. — A partir de la zone de température invariable, la chaleur croît sans cesse à mesure qu'on descend vers le centre de la terre.

C'est un fait qui ne peut d'aucune façon être mis en doute. L'eau du puits artésien de Grenelle, qui vient d'une profondeur de 547 mètres, jaillit en marquant une chaleur de 28 degrés. Dans les puits de mines, la chaleur est d'autant plus élevée qu'ils sont plus profonds. Le sondage poussé à 1 267 mètres, près de Berlin, a révélé une température de 48 degrés ; celui de Leipsig, poussé à 1 700 mètres, a révélé plus de 55 degrés.

L'augmentation de température se fait même d'une façon assez régulière, quoiqu'elle présente des variations qui dépendent de la conductibilité des roches et de la circulation des eaux. On admet que la chaleur croît en moyenne de 1 degré centigrade pour 32 mètres de profondeur : c'est ce qu'on appelle *degré géothermique*.

Si la température croissait uniformément jusqu'au centre de la terre, elle serait de 200 000 degrés en ce point, puisque le rayon terrestre a 6 000 000 de mètres. Il est vraisemblable que la température croît uniformément jusqu'à ce qu'elle soit suffisante pour tenir les roches en fusion; mais qu'au delà elle reste presque stationnaire dans la masse fluide souterraine. En supposant que les roches soient toutes fusibles à 3 000 degrés, c'est à la profondeur de 90 kilomètres environ que s'étendrait la couche solide de l'écorce terrestre.

ART. 2. — MOUVEMENTS DU SOL

L'écorce terrestre ou terre ferme ne demeure point absolument immobile. Elle est sans cesse agitée soit par des mouvements brusques, soit par des mouvements lents.

I. Mouvements brusques. — Les mouvements brusques du sol sont appelés *tremblements de terre*. Ils consistent en secousses plus ou moins violentes, qui se propagent avec rapidité comme de fortes ondulations; leur vitesse varie de 130^m à 885^m par seconde.

Les tremblements de terre sont très fréquents dans les pays disloqués, comme l'Italie, l'Archipel grec, l'Asie mineure, le Japon; dans les pays où les montagnes semblent encore en voie de formation, comme sur la chaîne des Andes, au Chili et au Pérou. Les commotions transmises à la mer produisent des *ras de marée*; on voit alors la mer se retirer à une grande distance, puis revenir en une vague énorme, ayant plus de 20 mètres de hauteur, qui se projette sur les côtes où elle produit de grands ravages.

Les *effets* sont parfois terribles. Ainsi, en 1753, un tremblement de terre détruisit Lisbonne et fit périr plus de 30 000 habitants. Dans l'île d'Ischia, en 1883, plus de 1 200 maisons s'écroulèrent, faisant plus de 20 000 victimes. — Alors se forment des *crevasses*, qui restent parfois béantes,

3.

comme célles de la Calabre ; des *failles* qui rompent les couches géologiques ; de *brusques changements de niveau*, comme ceux qui ont abaissé ou surélevé successivement les colonnes du temple dédié par Marc-Aurèle à Sérapis, près de Pouzzoles en Italie.

La *cause* des tremblements de terre est interne, mais elle est imparfaitement connue. Quelques secousses locales pourraient s'expliquer par des éboulements ou par le contre-coup des éruptions volcaniques. Mais la plupart des secousses doivent être attribuées à des explosions internes. Dans l'écorce terrestre, à des profondeurs très diverses, il doit exister des fentes, des cavernes, où s'engagent les matériaux en fusion du centre. Les vapeurs s'y accumulent à haute tension ; certaines parois des chambres où les vapeurs s'emprisonnent se rompent brusquement, comme une locomotive sans soupape qui éclaterait par l'effet d'une pression qu'elle ne pourrait plus porter.

II. Mouvements lents. — Il est incontestable qu'il se produit des oscillations lentes du sol. Certains rivages émergés portent la trace d'une immersion assez récente dans les coquilles d'espèces actuelles qu'ils contiennent. On connaît des stations humaines qui ont été recouvertes par des sédiments marins, et qui sont aujourd'hui de nouveau émergées. Les côtes du Spitzberg, de la Nouvelle-Zemble, de la Sibérie septentrionale, subissent en ce moment un mouvement d'émersion. Au contraire, la Suède méridionale, la Hollande, le nord de la France sont plutôt en voie d'affaissement.

Ces oscillations peuvent s'expliquer en partie par certains changements du niveau des mers, provenant des variations de salure et de température. Mais elles s'expliquent mieux encore par des affaissements réels de certaines parties de l'écorce terrestre. En effet, la croûte terrestre n'est pas absolument rigide ; comme elle repose sur une masse en fusion qui se rétrécit par refroidissement, il est naturel qu'elle tende à se plisser et, par conséquent, à osciller dans certaines parties.

Du reste, l'histoire géologique de la terre montre constamment des faits d'oscillation du sol.

ART. 3. — VOLCANS

Un *volcan* est un appareil qui met en communication la surface du globe avec les matières incandescentes situées sous l'écorce. — On distingue trois *parties* dans un volcan : le *foyer*, ou réservoir des matières incandescentes ; la *cheminée*, ou fente par laquelle ces matières s'échappent du foyer ; le *cratère*, en forme de coupe, est l'ouverture extérieure du volcan.

I. Éruption volcanique. — L'éruption volcanique est d'ordinaire *annoncée* par des vapeurs formant un panache de fumée, et par des bruits souterrains semblables au grondement de la foudre.

Une violente *explosion* éclate généralement au début d'une éruption. Des vapeurs, emprisonnées à haute tension, brisent tout d'un coup la barrière qu'oppose la calotte solide du cratère. Un immense jet de vapeurs, atteignant parfois onze mille mètres de hauteur, se produit (*fig.* 30). Ces vapeurs entraînent des débris qui retombent à l'état de poussière ou de lapilli, et des boules de lave qui retombent à l'état de *bombes* ou de *fuseaux* (*fig.* 31). En 1855, les cendres et les lapilli entraînés dans l'explosion du Cotopaxi, dans l'Amérique centrale, furent transportés jusqu'à 1 500 kilomètres.

Après l'explosion, à travers la fente désormais ouverte, se produit la *coulée des laves*. Les laves brûlantes coulent tant qu'elles sont poussées par le dedans. Lorsque la pression s'affaiblit, la coulée s'arrête, les laves forment une croûte nouvelle au-dessus du volcan.

Les volcans ne présentent pas tous les mêmes phénomènes. Les uns, comme le Vésuve, sont discontinus ; après un sommeil prolongé, leur activité se ranime tout à coup. L'an 79, quand le Vésuve ensevelit Pompéi et Herculanum, il paraissait depuis longtemps éteint. — D'autres, comme le Stromboli, aux îles Lipari, près de la Sicile, ont une activité permanente, mais modérée. — D'autres ne présen-

Fig. 30. — *Vue d'un volcan en éruption* (le Vésuve).

tent que des explosions intermittentes, sans coulées de lave; il en est ainsi à Java, qui projeta, en 1883, 18 kilomètres cubes de débris en moins de deux jours. — D'autres fois, comme dans l'île Havaï (Sandwich), la lave bouillonne sans cesse au fond du cratère, sans jamais s'épancher.

Fig. 31.

Une bombe volcanique en fuseau.

II. **Nature et caractères des laves.** — La lave est un *silicate* analogue aux scories des hauts fourneaux. Les débris sont de même nature.

La *température* des laves dépasse certainement 1 000 degrés au moment de leur émission. Cette chaleur se conserve longtemps sous la croûte qui se forme au dehors, tant est faible la conductibilité de cette roche. Un cordon de lave peut être froid à la surface et encore en fusion au dedans. C'est ce qui explique pourquoi les laves coulent parfois sur la neige sans la fondre entièrement.

La *vitesse* varie suivant la fluidité des laves et suivant la pente sur laquelle elles coulent : elle est parfois de plusieurs mètres à la seconde, parfois de 1 centimètre.

En se *solidifiant*, les laves prennent des aspects très divers : les unes sont poreuses, d'autres sont compactes ; l'*obsidienne* prend une texture vitreuse ; la *pierre ponce*, très poreuse et très légère, flotte sur l'eau.

Constructions volcaniques. — Les matières rejetées par les volcans se disposent généralement en montagnes coniques. Ces *cônes* sont à pente raide, lorsqu'ils sont principalement formés de débris ; la pente est plus douce, lorsqu'ils sont principalement le résultat d'une coulée de lave.

Le sommet des cônes est ordinairement creusé en entonnoir ou *cratère*. Les cratères sont le résultat de l'explosion qui a violemment brisé et projeté le sommet des cônes : peut-être le creux du cratère est-il dû à l'affaissement des laves qui se sont refroidies après la coulée.

Les pluies, en dégradant les montagnes volcaniques, entraînent dans les vallées ou dans les lacs, des poussières et des débris, dont l'accumulation forme les *tufs volcaniques* et les *pouzzolanes*.

Il est souvent arrivé que les masses laviques, en se refroidissant, ont subi un retrait qui les a divisées en colonnes prismatiques presque régulières (*fig.* 32) : ces colonnes sont remarquables en Irlande, aux îles Hébrides (*fig.* 33), dans le Velay et le Vivarais. Près du Puy, on visite avec intérêt ces longs prismes des *orgues d'Espaly*.

ART. 4. — LES ÉMANATIONS VOLCANIQUES

L'activité d'un volcan ne s'éteint pas tout d'un coup. L'émission des laves est immédiatement suivie d'émanations gazeuses qu'on nomme *fumerolles* : longtemps encore après l'éruption, les *phénomènes thermaux* révèlent la place d'anciens volcans.

Fig. 32.— *Basalte.*

I. Fumerolles. — Les *fumerolles* sont des vapeurs qui s'échappent après l'éruption. Les premières sont sèches et portées à une très haute température : elles sont surtout formées de chlorures. Les suivantes sont moins chaudes, très chargées de vapeur d'eau et de divers gaz, comme l'acide sulfhydrique et l'acide carbonique.

Les fumerolles donnent lieu à la formation de divers produits : les deux principaux sont le soufre natif et l'alun.

Fig. 33. — *Ilot basaltique de l'île de Staffa* (aux Hébrides).

II. Phénomènes thermaux. — Sous le nom de phénomènes thermaux on entend une série d'émanations qui ne sont liées que d'une façon lointaine aux éruptions volcaniques : c'est néanmoins sur l'emplacement d'anciens volcans que ces phénomènes se produisent. Nous citerons les solfatares, les geysers, les sources thermo-minérales, les salses et les mofettes.

Les *solfatares* ou *soufrières*, très communes dans l'Italie méridionale, surtout à Pouzzoles, près de Naples, sont des dégagements violents de vapeur d'eau et de gaz à odeur suffocante, Il en résulte des formations de soufre natif, d'alun, de kaolin, d'albâtre gypseux, d'acide borique.

Les *geysers* sont des jets intermittents d'eau chaude. Celui d'Islande est le plus célèbre (*fig.* 34) : il forme un cône de 10 mètres de hauteur sur 70 de diamètre; à 30 heures d'intervalle, il lance un jet d'eau de 3 mètres

Fig. 34. — *Le grand geyser d'Islande*.

de diamètre et de 30 mètres de hauteur, qui ne dure que quelques minutes. La silice tenue en dissolution précipite par l'évaporation de l'eau et donne de l'opale commune ou geysérite.

Le geyser du parc national du Yellowstone, aux Etats-Unis, donne au contraire un dépôt calcaire.

Les *sources thermominérales* sont dues à des eaux d'infiltration qui portent en dissolution des gaz émanés du centre par les fentes volcaniques. Les unes sont sulfurées, d'autres alcalines, d'autres arsénicales. En France, les eaux de Cauterets, de Barèges, de Vichy, de la Bourboule, du Mont-Dore..., sont très recherchées pour leurs propriétés thérapeutiques.

Les *salses* sont des volcans de boue salée, d'où s'échappent des gaz riches en carbures d'hydrogène. Ces carbures d'hydrogène fournissent le *pétrole* ou *naphte*, s'ils sont liquides, le *bitume* ou *asphalte*, s'ils sont solides. A Bakou, sur les bords de la mer Caspienne, on recueille annuellement plusieurs centaines de mille tonnes de pétrole. Le pétrole est aussi abondamment recueilli aux Etats-Unis. Chacun sait que le bitume flotte à la surface de la mer Morte, en Palestine.

Enfin les *mofettes* sont des émanations froides d'acide carbonique qui marquent le dernier terme de l'influence volcanique. Elles ont rendu certaines grottes célèbres, à Naples et à Royat. A Naples, dans la *grotte du chien*, l'acide carbonique forme une couche assez épaisse au-dessus du sol : quand le gardien y pénètre avec son chien, l'animal tombe asphyxié, tandis que l'homme, droit, respire à l'aise.

ART. 5.— NATURE DU NOYAU CENTRAL

Noyau central incandescent. — C'est une opinion commune désormais que, *sous une croûte de* 60 *à* 80 *kilomètres d'épaisseur, la Terre est une masse fluide incandescente de matières métalliques.*

Preuves directes. — On explique ainsi ce fait universellement constaté que la température croit régulièrement de 1° par 30 mètres de profondeur dans l'écorce terrestre.

On explique bien tous les faits qui concernent les volcans : l'identité de composition des laves sur tous les points du globe, la profondeur d'où émanent ces laves, l'universalité du vulcanisme, la coïncidence des volcans actifs avec les lignes suivant lesquelles la terre est brisée (le cercle qui entoure l'océan Pacifique, le cercle transversal qui passe par la Méditerranée, les îles de la Sonde et les Antilles).

On explique aussi les tremblements de terre, les oscillations du sol, la formation des montagnes. En effet, si la terre est une masse liquide brûlante, qui se contracte en se refroidissant, son enveloppe solide devient trop grande pour la contenir : ayant gardé une certaine souplesse, cette enveloppe tend à se plisser pour adhérer toujours au corps qu'elle recouvre.

Si on admet, conformément à la belle hypothèse de Laplace, que la Terre est un petit astre détaché du Soleil, il faudra bien admettre qu'elle a passé par un état stellaire, puisqu'elle s'est solidifiée à la surface par l'effet du refroidissement. Mais la croûte ainsi formée, n'étant pas bonne conductrice de la chaleur, est une enveloppe protectrice qui a dû conserver la haute température et, par conséquent, l'état de fusion du noyau central.

Preuves indirectes. — Si on rejette l'hypothèse de ce noyau central incandescent, il devient impossible de rendre compte des faits qui précèdent.

Des centres particuliers de chaleur, des foyers isolés, n'expliqueraient ni l'augmentation de température en tous lieux, ni l'universalité du vulcanisme, ni l'identité de composition des roches.

D'ailleurs il serait impossible d'assigner une cause à l'existence de ces foyers partiels, car les savants ont démontré que ni la combustion des mines de houille, ni l'oxydation des roches par les eaux infiltrées, ni les effondrements souterrains, ne pourraient suffire pour rendre fluides les roches qui constituent les laves.

HISTOIRE DE LA TERRE

CHAPITRE PREMIER

PREMIÈRES PHASES DE LA PLANÈTE TERRESTRE

I. Hypothèse de Laplace : 1° nébuleuse primitive; 2° formation des astres; 3° nébuleuse solaire ; 4° formation des planètes; 5° nébuleuse terrestre; 6° la Terre est une étoile. — II. Fondements de l'hypothèse : 1° expérience de Plateau; 2° identité de composition de tous les astres ; 3° état présent des corps célestes; 4° mouvements du système solaire.

Après que nous avons dit ce qu'est la Terre et décrit les phénomènes dont elle est actuellement le théâtre, nous allons esquisser les grands traits de son histoire. Ce chapitre indiquera les phases qu'elle a parcourues depuis sa création jusqu'à la formation de la première croûte solide à sa surface.

I. Hypothèse de Laplace. — Une hypothèse grandiose, formulée d'abord par Kant, philosophe allemand, puis précisée par Laplace, astronome français, et enfin mise au courant de la science moderne par M. Faye, astronome français, nous permet d'imaginer avec vraisemblance les états par lesquels la Terre a passé depuis sa création.

1° *Nébuleuse primitive.* — Au commencement des temps, quand Dieu créa l'univers, la matière n'était pas dans l'état où nous la voyons aujourd'hui, constituant des astres isolés et animés de mouvements réguliers. La matière était réduite à l'état d'éléments simples, dispersée dans l'espace immense, comme à l'état de chaos, froide et sans vie. C'était comme une nuée très légère remplissant tout l'univers : de là vient son nom de nébuleuse.

2° *Formation des astres.* — Le Créateur imprima un mouvement de rotation à cette grande nébuleuse. En tournant sur elle-même elle produisit des tourbillons : ces tourbillons produisirent des agglomérations de matière ayant toutes les formes : ces fragments de la première nébuleuse devinrent dans la suite, par condensation, des systèmes d'étoiles.

3° *Nébuleuse solaire.* — Entre toutes ces nuées détachées de la nébuleuse primitive, il s'en trouva une qui était sensiblement sphérique, qui tournait autour de son axe d'Occident en Orient. Ce fut la nébuleuse solaire, qui a donné naissance au Soleil et à toutes les planètes qui l'accompagnent. Il était froid d'abord : mais, à mesure que la matière remplissant l'espace est tombée vers le centre, il s'est produit une grande chaleur et une forte incandescence ; on sait en effet que les gaz s'échauffent en se condensant.

4° *Formation des planètes.* — En tournant sur elle-même, la nébuleuse solaire s'est aplatie vers ses pôles, tandis qu'elle est restée étalée dans la région de l'équateur : elle prit peu à peu la forme d'un disque, arrondi sur les bords, légèrement renflé au centre. Par intervalles, des anneaux de matière nébuleuse se sont détachés de la masse totale, et ont continué à tourner en gardant une distance au centre invariable. Ces anneaux ont rassemblé toute leur matière en une boule unique. Chaque petite boule de nébulosité est devenue par la suite une planète.

5° *Nébuleuse terrestre* (*fig.* 35). — L'un de ces anneaux, le troisième à partir du centre, donna naissance à la Terre. Quand la Terre eut son autonomie, se trouva isolée, elle était donc à l'état de petite nébuleuse. En tournant sur son axe, elle perdit un anneau d'où est sortie la Lune, son satellite. Depuis ce temps, elle ne cessa point de concentrer toute sa matière vers son centre.

6° *La Terre est une étoile.* — En se concentrant, les gaz de la nébuleuse terrestre produisaient de la chaleur. Un moment vint où la Terre fut si chaude qu'elle était brûlante et brillante comme une étoile. La constitution actuelle du Soleil, qui est le type des étoiles, nous permet

de savoir ce qu'était la Terre à l'état stellaire. La Terre
était encore toute formée de particules indépendantes, sans
croûte solide. Une immense atmosphère lumineuse l'entou-
rait. Dans les régions inférieures de l'atmosphère s'étendait
une masse fluide incandescente, analogue à la photosphère

Fig. 35. — *La nébuleuse terrestre commençant à se concentrer.*

du Soleil : si elle fut d'abord gazeuse, elle devint peu à peu
liquide. Sous cette couche de matières métalliques enflam-
mées était enfermé le noyau central, composé des éléments
de tous les métaux. La Terre, vue dans l'espace, eut apparu
comme une toute petite étoile, bien inférieure en éclat à
toutes celles que nous voyons au firmament.

La terre était trop petite pour rester toujours incandescente. Son refroidissement plus rapide que celui du Soleil,
amena la solidification de l'enveloppe. Et alors commencèrent les phénomènes géologiques que nous décrirons
dans les chapitres suivants.

II. Fondements de l'hypothèse. — Tout ce qui précède ne dépasse pas sans doute la valeur d'une hypothèse. Mais elle a des fondements sérieux, qui inclinent l'esprit à l'admettre.

1° *Expérience de Plateau* (*fig.* 36). — Une expérience simple du savant Plateau représente en petit ce qui a dû se passer en grand dans l'univers. Dans un verre à boire, rempli d'un mélange d'eau et d'alcool, Plateau laissait tomber des gouttes d'huile qui se réunissaient en boule : la boule d'huile restait suspendue au milieu du mélange. Prenant une aiguille qu'il faisait passer verticalement par le centre de la boule d'huile, il la mettait en mouvement. La sphère d'huile commençait par s'aplatir aux pôles et prenait la forme d'un disque. Puis, le mouvement se prolongeant, des anneaux circulaires se détachaient successivement dans la région équatoriale. Enfin la matière de ces anneaux se réunissait en petites boules qui continuaient à tourner autour du centre, quoiqu'elles fussent devenues indépendantes. Plateau réalisait ainsi la formation d'un petit système solaire.

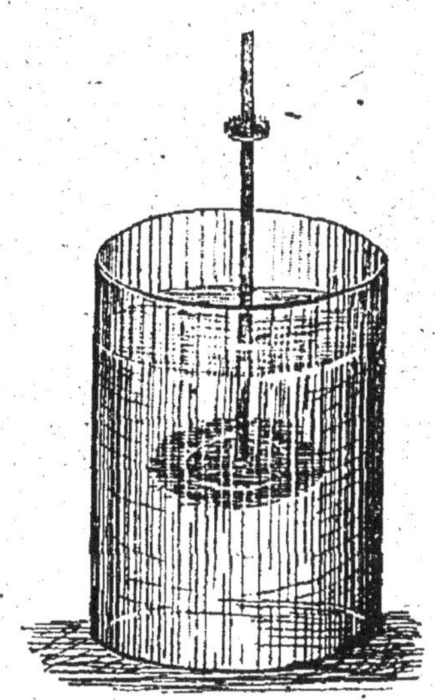

Fig. 36. — *Disposition pour l'expérience de Plateau.*

2° *Identité de composition de tous les astres.* — La Chimie révèle au savant la nature des corps qui composent la Terre. Grâce à l'analyse spectrale, la Physique à trouvé le moyen de reconnaître aussi les substances qui constituent la masse du Soleil et des Étoiles. Or, ce sont les mêmes éléments qui se rencontrent dans tous les astres : l'idendité de composition est particulièrement constatée pour le Soleil et la Terre. — On explique bien cette identité, en disant que tous les astres ont été d'abord fondus en une seule nébuleuse où tout était mêlé, et qu'ils ne sont tous que des fragments d'un même corps.

3° *État présent des corps célestes.* — Tous les états de transition se rencontrent dans les corps célestes. Il y en a qui sont encore à l'état nébuleux; d'autres sont à l'état stellaire plus ou moins avancé; certaines étoiles sont sur le point de s'éteindre et de s'encroûter. Il y a des astres éteints dont le centre est encore fluide. D'autres, comme la Lune, paraissent complètement desséchés et dépourvus d'atmosphère. — De plus, les lois de la Physique nous portent à croire que tous les astres se modifient sans cesse, que les étoiles et le Soleil s'éteindront un jour comme la Terre. Ces faits rendent très vraisemblable que la Terre ait passé par toutes les phases que nous avons décrites.

4° *Mouvements du système solaire.* — Les mouvements des planètes autour du Soleil sont bien tels que les ferait supposer l'hypothèse énoncé. En effet : 1° toutes les planètes tournent dans le même sens, d'Occident en Orient, comme le Soleil lui-même fait sur son axe; 2° elles tournent toutes à peu près dans le même plan, qui est le plan de l'équateur solaire.

Pour ces diverses raisons, l'hypothèse dite de Laplace peut être considérée comme sérieuse.

CHAPITRE II

FORMATION DE LA PREMIÈRE CROUTE TERRESTRE

TERRAINS PRIMITIFS

I. État de la terre avant la solidification de l'enveloppe : diverses zones. — II. Formation de la première croûte : faits d'expérimentation, première enveloppe solide, terrain primitif. — III. Les terrains primitifs : gneiss, micaschites, talcschistes. Massifs de terrains primitifs.

I. État de la Terre avant la solidification de l'enveloppe. — Si nous avions pu voir la terre immédiatement avant la formation de la première croûte, elle nous eût apparu formée de trois zones où les éléments étaient disposés par ordre de densité : une zone atmosphérique, une zone pierreuse, une zone métallique.

1° La *zone atmosphérique* contenait d'abord tous les éléments de l'atmosphère actuelle, azote et oxygène ; elle contenait en outre toute l'eau des Océans actuels à l'état de vapeur, une quantité immense d'acide carbonique et d'autres gaz acides. Il en résultait que l'atmosphère était 300 fois plus pesante qu'aujourd'hui, qu'elle devait intercepter tous les rayons du soleil, qu'aucun être vivant n'eût pu subsister dans un milieu à la fois si dense et si chaud.

2° La *zone-pierreuse* était la masse superficielle de la Terre encore toute en fusion. Là se trouvaient les matériaux les plus légers, la silice, les silicates qui ont formé les gneiss et les granites, puis les silicates qui ont formé les roches lourdes. Toutes ces roches étaient maintenues dissoutes ou fondues par une chaleur intense ; cette même chaleur empêchait les Océans de se condenser et forçait les eaux de rester en vapeur.

3° La *zone métallique* constituait toute la masse centrale. Le niveau supérieur comprenait les métaux les plus légers, le fer particulièrement, combiné avec le soufre, le carbone, l'hydrogène, etc... ; le niveau inférieur contenait les métaux en fusion.

La première zone va donner l'air atmosphérique et les océans ; la seconde zone formera la croûte primitive ; la troisième constitue encore le noyau fluide.

II. Formation de la première croûte. — *Faits d'expérimentation*. —

Si nous avons vu du plomb fondu dans un creuset, nous aurons remarqué que la surface, en se refroidissant, se couvre promptement d'une fine pellicule solide : si le liquide est agité, la pellicule se brise, se fond dans la masse brûlante, pendant qu'une autre se forme : à la fin, malgré l'agitation, la croûte devient assez épaisse pour garder sa consistance. — Dans les hauts fourneaux, où se fabrique la fonte de fer, on remarque dans le creuset, au-dessus du métal en fusion, les scories légères et le laitier qui se solidifient de bonne heure en se refroidissant : cette enveloppe protège même contre le froid le métal sous-jacent.

Première enveloppe solide. — Il en a été de même pour la Terre. Un jour vint où la surface de la zone pierreuse se trouva assez froide pour se solidifier en une pellicule mince. Une coïncidence hâta cet encroûtement : les substances les plus légères, qui flottaient à la surface, silice et silicates, sont précisément celles qui sont les plus réfractaires à la fusion et les plus promptes à se solidifier. Les matériaux de cette première croûte étaient sensiblement les mêmes que ceux du granit.

Mais la surface de la Terre était loin d'être calme : des remous énormes produits par l'atmosphère et par la masse liquide sous-jacente durent briser bien des fois la croûte d'abord formée : les éléments solides tombant dans le bain igné durent se fondre bien des fois.

De plus, le refroidissement amena la condensation des vapeurs : les premiers océans liquides commencèrent à s'étendre sur l'enveloppe terrestre. Mais ces eaux brûlantes, à haute pression, riches en principes dissolvants, durent dissoudre la superficie de la première croûte. En même temps, ces eaux devaient être remuées par de violentes tempêtes et mettre en pièces les premières roches solidifiées.

Sous l'effort combiné de ces actions mécaniques et chimiques, la croûte terrestre devait prendre une assiette définitive qu'il nous est aisé de prévoir. 1° L'action chimique des dissolvants procurait la cristallisation des roches ; 2° L'action mécanique des eaux procurait la forme stratifiée, qui deviendra si visible dans les terrains sédimentaires. Des roches cristallines ayant des apparences de stratification, tels doivent être les éléments qui restent définitivement pris en croûte solide.

Ce qu'on appelle *terrain primitif* n'est donc pas le résultat du premier encroûtement terrestre ; le terrain primitif comprend les roches les plus anciennes, celles qui sont restés fixées par une solidification définitive.

III. Les Terrains primitifs. — Nous appelons *terrains primitifs* ces couches de roches cristallines et à demi stratifiées, qui se rencontrent dans tous les lieux de la terre, plus ou moins profondément cachées, qui sont intermédiaires entre les roches sédimentaires déposées au-dessus et les roches granitiques formées au-dessous.

Ces terrains comprennent trois étages : les gneiss, les micaschistes, les talcshistes.

Les *gneiss* ont la même composition que les granites : ils sont formés de *quartz*, de *fedlspath* et de paillettes de *mica*. Quoique le gneiss n'ait point une texture stratiforme, mais bien une texture massive, il se reconnait aux trainées de mica qui lui donnent un aspect rubané (*fig.* 37).

Les *micaschistes*, quoique plus lourds que les gneiss, sont au dessus. Ils sont formés de quartz et de mica seulement. Le mica abonde tellement qu'il rend ces roches schisteuses c'est-à-dire divisibles en feuilles qu'on peut souvent séparer. Parmi les roches nommées micaschistes on range souvent des roches cristallines schisteuses où se trouvent bien d'autres éléments que le quartz et le mica.

Les *Talcschites* sont des roches cristallines superposées

aux deux étages précédents. Elles sont plus stratifiées, ce qui marque l'influence des eaux. Elles sont plus lourdes, ce qui prouve qu'elles ont été formées par des matériaux injectés à travers les deux étages précédents. — Leur nom vient du mot *talc*; on avait appelé ainsi l'élément soyeux et onctueux qui rend ces roches douces au toucher. En réalité ce n'est pas du talc, mais du mica *séricite* qui caracté-

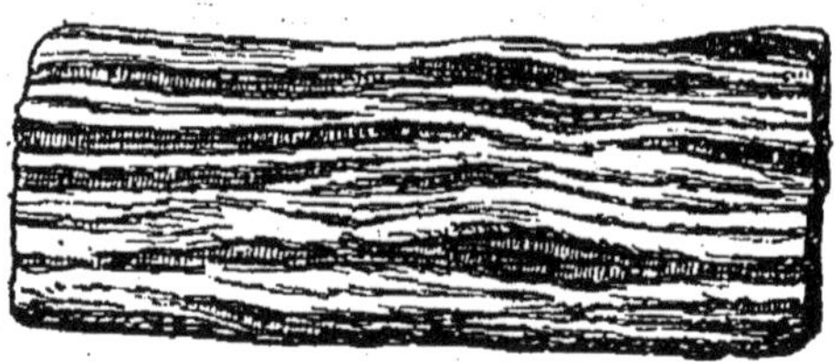

Fig. 37. — *Gneiss*, avec rubans de mica.

rise ces roches. Du reste la séricite y est souvent remplacée par des amphiboles, des pyroxènes...

Massifs de terrain primitif. — Le terrain primitif émerge principalement dans l'hémisphère nord, dans la Scandinavie, la Finlande, le Groenland, le Canada. — En France, il affleure dans le Plateau central, le Morvan, la Bretagne, au centre des Vosges et des Pyrénées.

Souvent le granite affleure à travers les étages du terrain primitif. Parfois aussi dans les régions indiquées, le terrain primitif garde des traces de dépôts sédimentaires que les eaux terrestres ou marines avaient formés par dessus.

Depuis la solidification de l'enveloppe terrestre, deux séries de phénomènes ont marché de front, en modifiant l'écorce. Les uns se passaient au dehors et formaient les terrains sédimentaires. Les autres se passaient sous l'influence de l'énergie interne et formaient les roches éruptives, les filons, les montages. Nous les étudierons séparément.

FORMATION DES TERRAINS SÉDIMENTAIRES

Définition du sujet. — On nomme terrains *sédimentaires* l'ensemble des couches formées sous l'influence des agents externes, depuis l'encroûtement et le refroidissement de la Terre jusqu'à nos jours. La plupart ont été déposés par les eaux à l'état de sédiments, et ils s'offrent à nous à l'état de strates superposées (*fig.* 38).

Ces sédiments ont été déposés en strates horizontales;

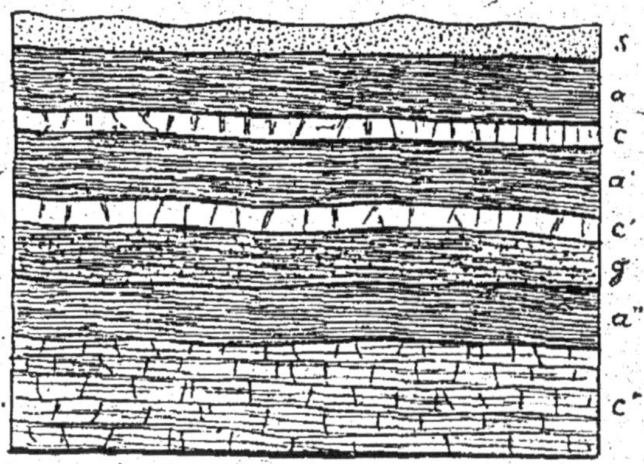

Fig. 38. — *Couches stratifiées.*

a, a', a'', couches argileuses; c, c', c'', couches calcaires; g, couche de graviers; s, couche sableuse.

depuis leur formation, le plissement de l'écorce terrestre a bien des fois modifié leur allure. Cependant, à part certaines exceptions, on peut dire que l'ordre de superposition des terrains sédimentaires indique l'ordre même dans lequel ils se sont formés.

De même qu'aujourd'hui les dépôts sont extrêmement différents dans les divers points du globe, tant pour la nature de leurs éléments que pour la façon dont ils se disposent, ainsi, dans le passé, la même époque n'est pas représentée partout par les mêmes roches. Il appartient au géologue *stratigraphe* de confronter les coupes géologiques des différentes stations pour identifier les dépôts de la même époque. Les pierres et les fossiles sont les documents qu'il confronte dans ce but.

Division des temps géologiques. — Les divisions adoptées par les géologues sont artificielles ; car il n'y a pas plus d'arrêts dans l'histoire de la terre que dans l'histoire des hommes. Cependant, elles sont admises par tous comme des cadres indispensables pour classer les faits connus.

On distingue quatre ères : l'ère *primaire*, l'ère *secondaire*, l'ère *tertiaire*, l'ère *quaternaire* ou moderne. Chaque ère se subdivise en périodes, chaque période elle-même se subdivise en époques. De la sorte, il n'est pas une couche géologique qui n'ait sa place bien marquée dans la suite des temps.

ART 1er. — ÈRE PRIMAIRE

Caractères généraux de l'ère primaire. — Division. — I. Cambrien (mer, roches, vie). — II. Silurien (mer, roches, vie). — III. Dévonien (mer, roches, vie). — IV. Carboniférien : 1º Régime marin ; 2º Régime continental. — Etages du terrain houiller : anthracifère, houiller. — Origine de la houille : mode d'accumulation, idée générale du phénomène. — Conditions de l'époque houillère : cause de ces conditions spéciales. — Bassins houillers. — V. Permien.

Caractères généraux. — L'*ère primaire* comprend la première et la plus longue fraction des temps géologiques.

Son *commencement* est marqué par les débuts de la sédimentation et par l'apparition des premiers êtres vivants. Sa *fin* est marquée par l'émersion presque complète de l'Europe, par l'éclaircissement de l'atmosphère que traversent les premiers rayons solaires, par l'arrivée des premières plantes phanérogames.

Durant toute l'ère primaire, il se produit une *émersion graduelle* de l'Europe. Au commencement, la mer couvrait tout, sauf quelques ilots, comme les coteaux de la Bretagne et les crêtes du Plateau central. A la fin, la mer était partie vers l'est, laissant l'Europe presque à sec : il restait seulement des lacs où la houille venait de se déposer.

Les *roches* primaires sont des calcaires, des schistes argileux et des grès plus ou moins grossiers. La plupart de ces roches ont subi, dans le cours des temps, d'assez profondes modifications, sous l'influence de la pression, de la chaleur et des dissolvants. Beaucoup d'entre elles sont devenues cristallines, de sorte qu'il est parfois malaisé de les distinguer des roches primitives. Les argiles ont été feuilletées et sont devenues des *phyllades* : les ardoises d'Angers sont de ce temps.

La *vie* s'épanouit d'une façon merveilleuse. — Les *animaux marins* apparaissent de bonne heure : les types élevés, comme les Poissons, ont laissé des traces bien marquées dès la seconde époque, celle du Silurien. Les *animaux terrestres*, les Batraciens d'abord, puis les premiers Reptiles, apparaissent aussi sur les premiers continents récemment émergés. — En même temps croissent es *plantes* : mais la flore primaire ne nous présente encore que des Cryptogames; les Conifères n'apparaissent en effet qu'à la fin. Très pauvre et réduite aux Algues sans doute, tant que la mer couvrait tout, la flore devient très riche à l'époque houillère.

L'ère primaire fut très agitée par *l'énergie interne :* éruptions, plissements de l'écorce, injections des filons, tout annonce en Europe une grande activité.

Les *conditions atmosphériques* varièrent beaucoup. Au début, l'air était chargé de vapeurs, ne laissait passer aucun rayon direct du soleil : à la fin, l'atmosphère était moins lourde et se laissait déjà pénétrer par la lumière directe. Une grande humidité, jointe à une chaleur tropicale uniforme sur toute la surface du globe, détermina des circonstances exceptionnellement favorables à l'exubérance de la végétation. — La *durée* de l'ère primaire ne peut être appréciée d'aucune façon : peut-être s'exprime-t-elle par des millions d'années.

Division. — On divise l'ère primaire en cinq périodes : 1° le *Cambrien*, ainsi nommé du mot *Cambria*, nom latin du pays de Galles; 2° le *Silurien*, dont le nom est emprunté aux *Silures*, ancienne tribu de l'ouest de l'Angleterre;

3° le *Dévonien*, étudié d'abord dans un comté anglais, le *Devonshire*; 4° le *Carboniférien*, ainsi nommé parce qu'il contient la formation des *charbons* de terre ; 5° le *Permien*, dont le type a été pris dans le duché de *Perm*, en Russie.

I. Cambrien. — Durant la période *cambrienne*, la mer s'étendait largement sur l'Europe. En France, elle ne laissait émergés qu'un petit nombre d'îlots, dans la Bretagne, la Vendée, le Cotentin, le Plateau central. Sur les flancs de

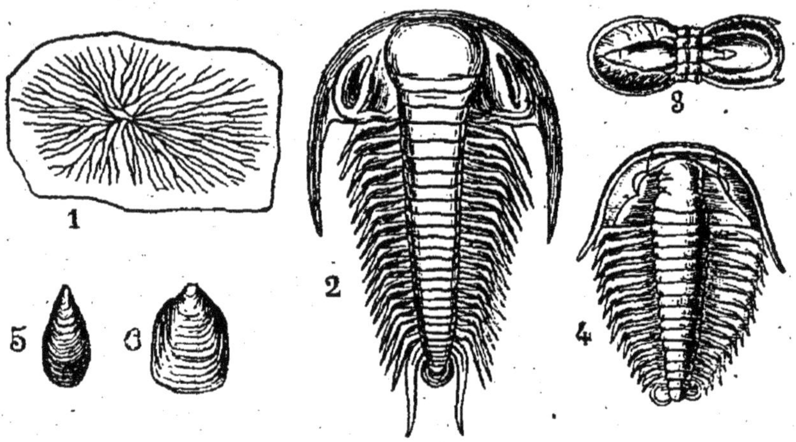

Fig. 39 à 44. — *Fossiles du Cambrien.*

1, Oldhamia (incertain). — 2, Paradoxides bohemicus. — 3, Agnostus princeps. — 4, Olenus micrurus (trois Trilobites). — 5. Lingula antiqua. — 6, Theca gregaria (deux Brachiopodes).

ces coteaux ont été déposés les sédiments cambriens : ils y affleurent encore. — Les roches formées alors ont été, pour la plupart, transformées et cristallisées.

Ce changement d'état a dû faire disparaître beaucoup de traces fossiles. Cependant il en reste assez pour que nous puissions dire que la vie présentait déjà des types assez élevés (*fig.* 39 à 44). Outre des empreintes problématiques, nommées *Oldhamia,* on a des traces nettes de Trilobites et de Brachiopodes. Les *Trilobites,* animaux voisins des Crustacés, représentés aujourd'hui par les Limules, sont principalement des genres Paradoxides, Agnostus, Conocephalites. Les *Brachiopodes*, que leur structure fait placer près des vers et que leur coquille fait ressembler à des Mollusques, appartiennent au genre Lingule. Cette *faune primordiale*, d'abord très étudiée en Bohême par Barrande, a été ensuite découverte dans le Plateau central.

II. Silurien. — Durant la période *silurienne*, les îlots émergés s'élargissent : les sédiments cambriens sont hors de l'eau. Alors se déposent des grès argileux ou grauwackes, des calcaires qui deviendront des marbres, des argiles que la pression transformera en ardoises. En France, les affleurements du silurien se rencontrent en Bretagne, dans l'Anjou, dans le Cotentin, dans le Plateau central (*fig.* 45).

La *vie* réalise alors de grands progrès (*fig.* 46 à 55). — Dans les *dépôts marins* nous découvrons : des *Algues* marines, qui sont ainsi les premiers végétaux fossiles ; des *Trilobites*, en nombre considérable, qui sont la vraie caractéristique de cette période ; des *Graptolithes*, traces linéaires, droites ou spiralées, qui paraissent avoir été produites par des Hydrozoaires ; des *Bilobites*, traces géminées d'origine assez incertaine, qu'on croit devoir attribuer à des sillons creusés dans la boue silurienne par un animal à coquille bivalve ; des *Mollusques céphalopodes*, à coquille droite (Orthocères) et à coquille enroulée (Nautiles, Goniatites...) ; des *Brachiopodes* ; des *Poissons*, à l'état de simples débris, dans les étages supérieurs du terrain. — Parmi les dépôts terrestres, on a trouvé : des *Cryptogames vasculaires*, Fougères et Lycopodes ; des *Arthropodes* à respiration aérienne, comme des Blattes et des Scorpions.

III. Dévonien. — La période *dévonienne* marque un véritable progrès de la terre ferme, surtout dans le nord de l'Europe. Autour des massifs émergés se déposent : des grès et des conglomérats, comme le *vieux grès rouge* de l'Écosse et de l'Amérique du Nord ; des assises importantes de calcaire, bâties par des Polypiers et des Forami-

nifères. Les couches dévoniennes sont très développées
dans les Ardennes, où elles atteignent une épaisseur de

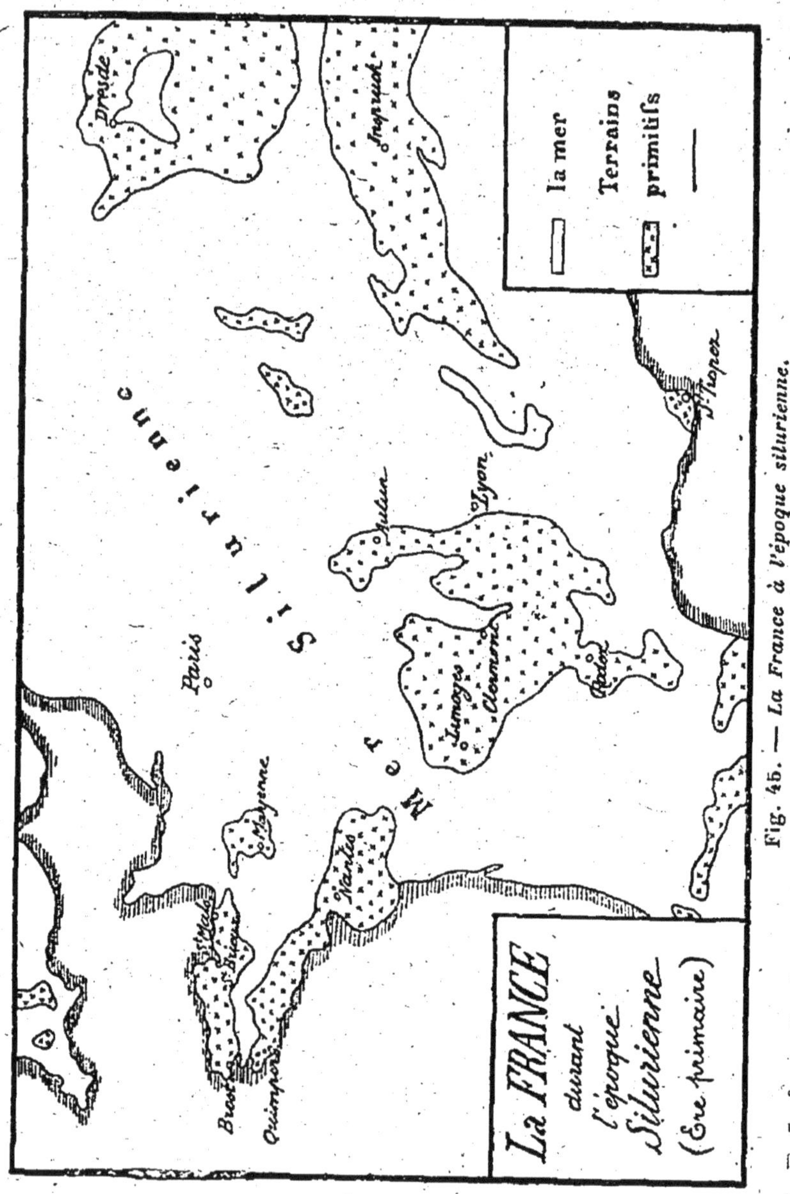

Fig. 45. — *La France à l'époque silurienne.*

plusieurs milliers de mètres; elles sont aussi représentées
dans l'Anjou, le Maine, la Normandie, les Pyrénées.

Les *dépôts marins* (*fig.* 56 à 63) nous présentent : des *Trilobites*, mais beaucoup moins nombreux qu'à l'époque silurienne : après le dévonien, leur règne sera complètement fini ; — des *Foraminifères* et des *Polypiers*, qui élèvent d'énormes bancs calcaires : parmi les Polypiers, la *Calceola sandalina*, munie d'un opercule mobile, mérite d'attirer l'attention ; — parmi les *Echinodernes*, les Cri-

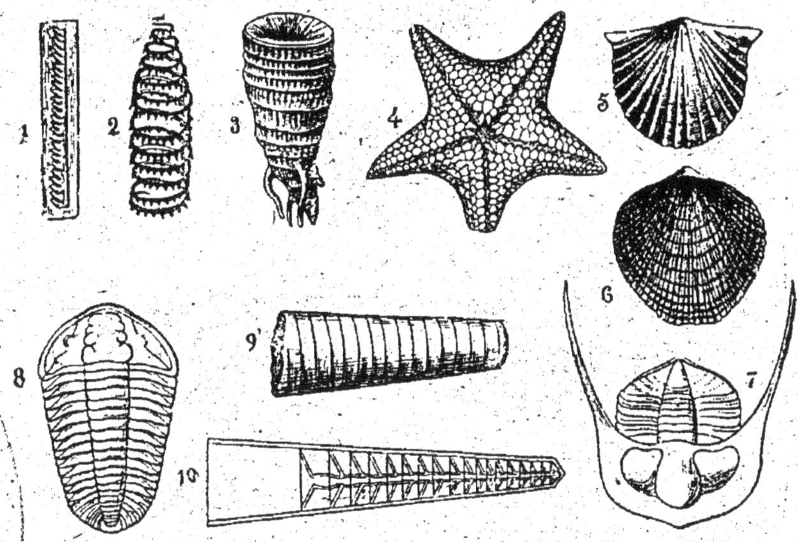

Fig. 46 à 55. — *Fossiles siluriens.*

1, Monograptus priodon. — 2, Monograptus turriculatus (deux hydrozoaires). — 3, Omphyma turbinatum (Polypier). — 4, Palæasterina stellata (Echinoderme). — 5, Orthis actoniæ. — 6, Atrypa reticulata (deux Brachiopodes). — 7, Trinucleus concentricus. — 8, Calymene Blumenbachi (deux Trilobites). — 9, Orthoceras regulare (Céphalopode). — 10, Coupe schématique, montrant les loges, les cloisons et le siphon d'un Orthocère.

noïdes sont particulièrement intéressants ; — les *Mollusques céphalopodes* continuent à se développer ; — les *Brachiopodes*, surtout les *Spirifer* et les *Atrypa*, sont extrêmement nombreux ; — les *Poissons* ganoïdes et sélaciens, trouvés entiers dans des loupes de grès, sont la principale caractéristique du dévonien : parmi les Poissons modernes, celui qui s'en rapproche le plus est l'Esturgeon.

Les dépôts *terrestres* montrent aussi que la vie se développait sur la terre ferme : on a trouvé des traces de *Né-*

vroptères, de la classe des Insectes. Les végétaux surtout se multiplient : les *Fougères* arborescentes couvrent les continents émergés, avec les *Equisétacées* et les *Lycopodiacées*. On a même des restes de Cordaïtes, gymnos-

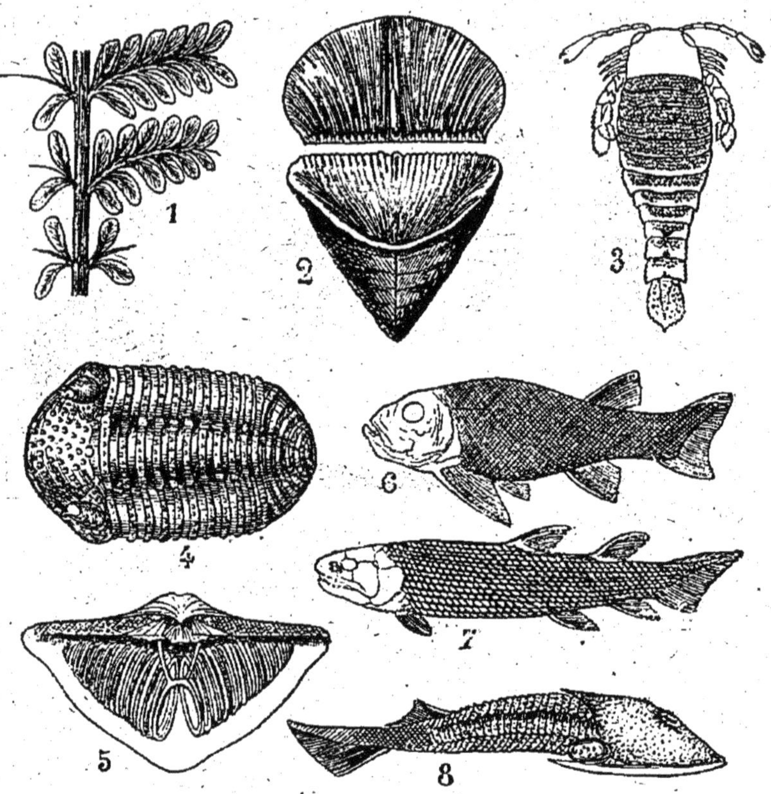

Fig. 56 à 63. — *Fossiles dévoniens*.

1, Palæopteris (Fougère). — 2, Calceola sandalina (Polypier). — 3, Pterygotus (Crustacé). — 4, Phacops latifrons (Trilobite). — 5, Spirifer Verneuili (Brachiopode ouvert et montrant ses deux bras en spirales). — 6, Acanthodes. — 7, Osteolepis. — 8, Cephalaspis (trois Poissons ganoïdes).

permes très voisins des Conifères. — Jusqu'ici, aucun vertébré terrestre n'a été trouvé.

IV. Carboniférien. — La période *corboniférienne* accentue encore les continents : vers la fin, l'Europe est presque entièrement émergée. Mais les terres ne sont pas complètement dégagées des eaux : il y reste encore d vastes lagunes où vont se former des dépôts importants. Il y a lieu de distinguer le régime marin et le régime continental.

1° Régime marin. — Les mers de cette époque paraissent avoir été assez calmes : car les *Foraminifères*, les *Polypiers*, qui aiment les eaux claires et chaudes, se sont

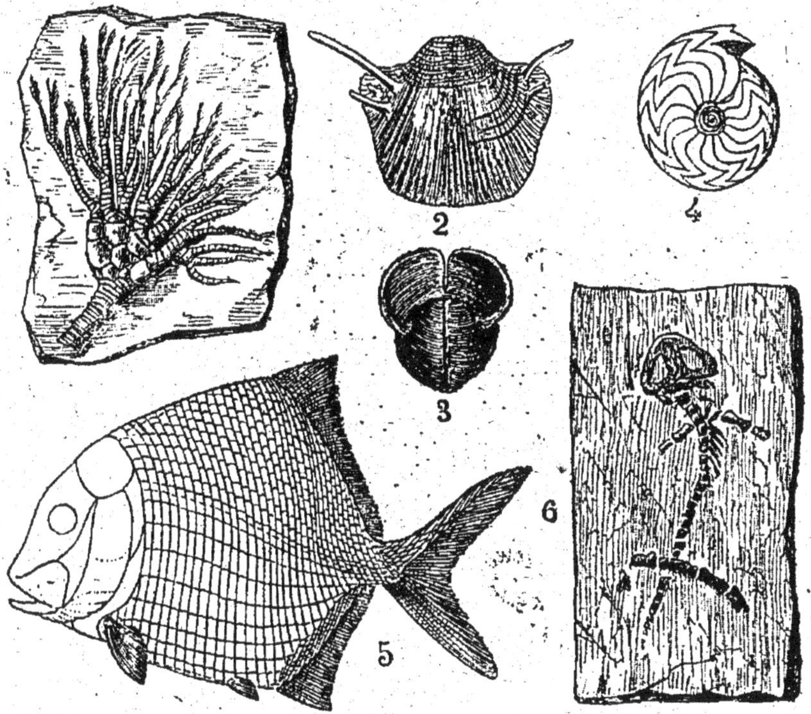

Fig. 64 à 69. — *Animaux fossiles du Carboniférien.*

1. Woodocrinus expansus (Crinoïde). — 2, Streptorhynchus crenistria (Brachiopode). — 3, Bellerophon tenuifascia (Gastéropode). — 4, Goniatites sphæricus (Céphalopode, cloisons à un seul pli). — 5, Platysomus striatus (Poisson permien). — Proriton petrotei (Batracien voisin de la Salamandre).

développés avec une grande activité, formant des calcaires qui sont devenus des marbres. Les Brachiopodes des genres *Productus, Spirifer,...* y vivaient en abondance. Les Mollusques céphalopodes, les *Goniatites* surtout s'y rencontrent. Enfin les *Poissons* ganoïdes et sélaciens, déjà signalés dans le dévonien, continuent de se développer *fig.* 64 à 69).

La faune marine est tellement uniforme dans tous les dépôts de cette époque, qu'il faut bien admettre aussi une grande uniformité de conditions dans toutes les mers.

2° **Régime continental.** — Sur les continents, la vie pullule. Nous en trouvons les traces dans les nombreux dépôts côtiers et lacustres que les cours d'eau ont formés.

Parmi les *animaux*, l'apparition des Reptiles et des Batraciens est un fait d'importance considérable : les *Reptiles* sont représentés par le *Sauropus*, dans les schistes américains; les *Batraciens*, par les *Labyrinthodontes* et le *Protriton*, qui ont laissé à la fois leurs os et l'empreinte de leurs pas sur la boue des marécages carbonifériens. — Les *Insectes* se multiplient : ils appartiennent à l'ordre des Névroptères et à l'ordre des Orthoptères. Quelques-uns avaient jusqu'à 70 centimètres d'envergure. Mais tous se rapprochent de ceux qui, aujourd'hui, fuient la lumière intense.

Parmi les *végétaux* (*fig.* 70 à 75), les *Cryptogames vasculaires* déploient une richesse exubérante : les Fougères, les Equisétacées, les Lycopodiacées forment de hautes forêts très touffues; les larges cellules qu'y découvre le microscope attestent une végétation riche et rapide. Quelques *Phanérogames* du groupe des gymnospermes apparaissent; les Calamodendrées, les Cycadées, les Sigillariées. Les vraies Conifères sont rares.

Étages du terrain houiller. — C'est le régime continental qui a formé sur les côtes et dans les lacs ces couches nombreuses d'où l'on extrait la *houille* ou charbon de terre.

L'étage inférieur est appelé *anthracifère*, parce que le combustible assez rare, d'ailleurs sec et dur, qu'on y trouve, est l'*anthracite*. L'anthracite est plus compact que la houille; il brûle presque sans donner de flamme. Une sorte de distillation naturelle en a chassé la plus grande partie des produits volatils. — Pendant que se déposait l'anthracite, le régime marin dominait encore en Europe.

L'étage supérieur est appelé *houiller*, parce que le combustible, abondant et plein de principes volatils qui donnent une flamme longue, est la houille proprement dite.

La *houille* est déposée par lits assez minces, séparés des

couches sédimentaires purement minérales. Elles se superposent parfois en grand nombre : ainsi, à Mons, on en compte jusqu'à 156. L'épaisseur de la houille est très variable : elle n'est parfois que de 10 centimètres, parfois de 1m50 à 2 mètres. En général, la houille a plus d'épaisseur dans les bassins lacustres, comme dans la Loire, que dans les bassins côtiers, comme en Belgique.

Origine de la houille. — Il est certain aujourd'hui que la houille a une origine végétale : elle est formée, non d'é-

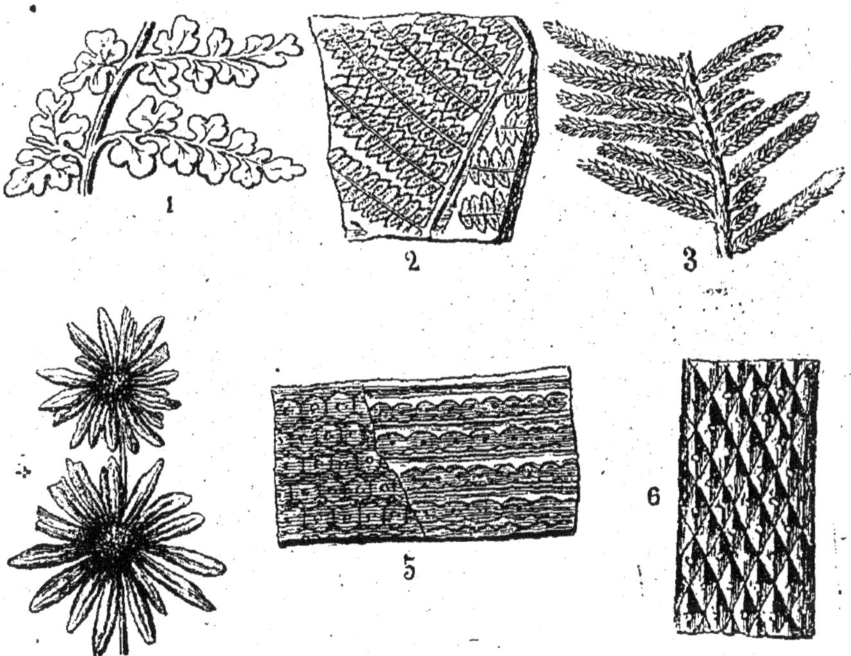

Fig. 70 à 75. — *Fossiles végétaux du Carboniférien.*

1, Sphenopteris obtusiloba ; 2, Pecopteris arborescens ; 3, Walchia piniformis ;
4, Annularia stellata ; 5, Sigillaria elegans ; 6, Lepidodendron elegans.

manations gazeuses de carbures d'hydrogène, comme le pétrole et l'asphalte, mais de végétaux accumulés et carbonisés à l'abri de l'air. — On s'en est assuré par les cendres de la houille, qui ont la même composition que les cendres des Fougères et des Lycopodes actuels ; par les empreintes que les feuilles ont laissées sur les schistes et sur les grès encaissants ; par l'étude microscopique de la houille elle-même, où l'on a vu certaines cellules bien conservées.

Mode d'accumulation. — Les végétaux qui forment la houille n'ont pas dû s'accumuler tous de la même façon : les uns auront été enfouis sur place, les autres auront été transportés par les courants fluviaux dans des lagunes ou des estuaires. Il est probable que la plus grande partie des

Fig. 76. — *Vue idéale d'un paysage de la période carbonifèrienne.*

éléments s'est accumulée par transport. Voici, dans ce cas, comment il faut concevoir le phénomène houiller.

Idée générale du phénomène houiller. — Une végétation exubérante (*fig.* 76), formée surtout de Cryptogames vasculaires, couvrait les continents : elle était activée par une température tropicale et par une atmosphère riche en eau et en acide carbonique. Des feuilles et des rameaux tombaient constamment sur le sol humide et formaient une couche épaisse où déjà la carbonisation commençait. Par intervalles, un orage violent, des pluies battantes balayaient le sol, arrachaient les tiges mal fixées, et tout était entraîné dans une lagune voisine ou dans un estuaire, avec les graviers, les sables et les boues. Les graviers tombaient d'abord au fond, puis les sables, puis une boue charbonneuse, puis les végétaux eux-mêmes. A quelque temps de là, le même phénomène se renouvelait, ensevelissant, toujours dans le même ordre, les mêmes objets dans les eaux. — On s'explique ainsi la multiplicité des couches de houille, et la compression qu'elles ont subie; on s'explique de même pourquoi la houille repose toujours sur un schiste

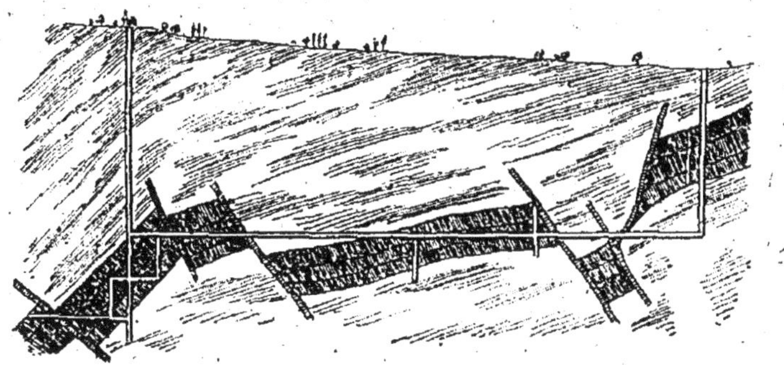

Fig. 77. — *Coupe verticale du sol, moutrant une couche de houille en voie d'exploitation.*

charbonneux et est toujours recouverte par une couche de grès.

La carbonisation, déjà commencée sur le sol, s'est achevée dans le bassin houiller (*fig.* 77).

Conditions de l'époque houillère. — Le phénomène houiller s'est produit grâce à des conditions très spéciales qui ne se sont jamais renouvelées depuis. 1° Une *température tropicale* régnait uniformément sur toute la terre : on le constate par les restes, retrouvés partout, de Polypiers, de Cycadées, de Fougères arborescentes, qui ne se plaisent que dans les régions chaudes. — 2° Une *humidité extrême* remplissait l'atmosphère : car la végétation rapide, continue, et à tissus spongieux, ne pouvait s'opérer autrement; d'ailleurs, la terre ferme ne nourrissait que les Insectes et les Batraciens qui se plaisent dans les lieux humides. — 3° Un *ciel constamment voilé* par d'épais nuages ne laissait pénétrer aucun rayon solaire direct : la lumière du jour était faible et diffuse comme en un crépuscule. Il n'existait encore aucune plante à fleur colorée; les Insectes d'alors étaient de ceux qui aiment l'obscurité.

Cause de ces conditions spéciales. — Quelques géologues ont pensé que cette chaleur tropicale, uniforme sur toute la terre, était due à la chaleur centrale qui se faisait sentir à travers une croûte encore peu épaisse; mais il faut observer : 1° que les roches sont bien peu conductrices, pour laisser passer assez de chaleur, et 2° que l'accroissement de chaleur capable d'échauffer les pôles eût rendu l'équateur intolérable. — D'autres ont pensé que le soleil, beaucoup plus large et moins chaud qu'aujourd'hui, enveloppait la terre entière de ses rayons tempérés. — Si l'on ajoute que les nuages épais de cette époque protégeaient la terre contre le refroidissement, on comprendra que la chaleur modérée et uniforme venue d'un soleil diffus se fût conservée ainsi que dans une serre.

Bassins houillers. — En France (*fig.* 78), les bassins houillers sont très répandus sur les premiers massifs émergés, autour du plateau central, dans le voisinage des Vosges, dans les Ardennes, l'Artois, la Flandre ; on en compte plus de soixante gisements en France. L'Angleterre et la Belgique sont plus riches encore. Les mines de l'Amérique semblent inépuisables. On en a découvert d'abondantes dans l'Extrême-Orient. Donc, le *pain de l'industrie* n'est point prêt de s'épuiser.

V. Permien. — La période *permienne* marque la dernière phase de l'ère primaire : elle n'est que la suite de la période carboniférienne. La mer n'avait en Europe qu'une importance minime. Les terrains permiens sont très développés en Russie. Près d'Autun, les dépôts de la même époque sont remarquables par les bois silicifiés qu'on y trouve en grande quantité, et par les Poissons du genre *Palæoniscus* qui se sont accumulés dans une couche schisteuse.

Cette période a été nommée pénéenne, à cause de la pauvreté des formes vivantes qu'on y rencontre. Parmi les

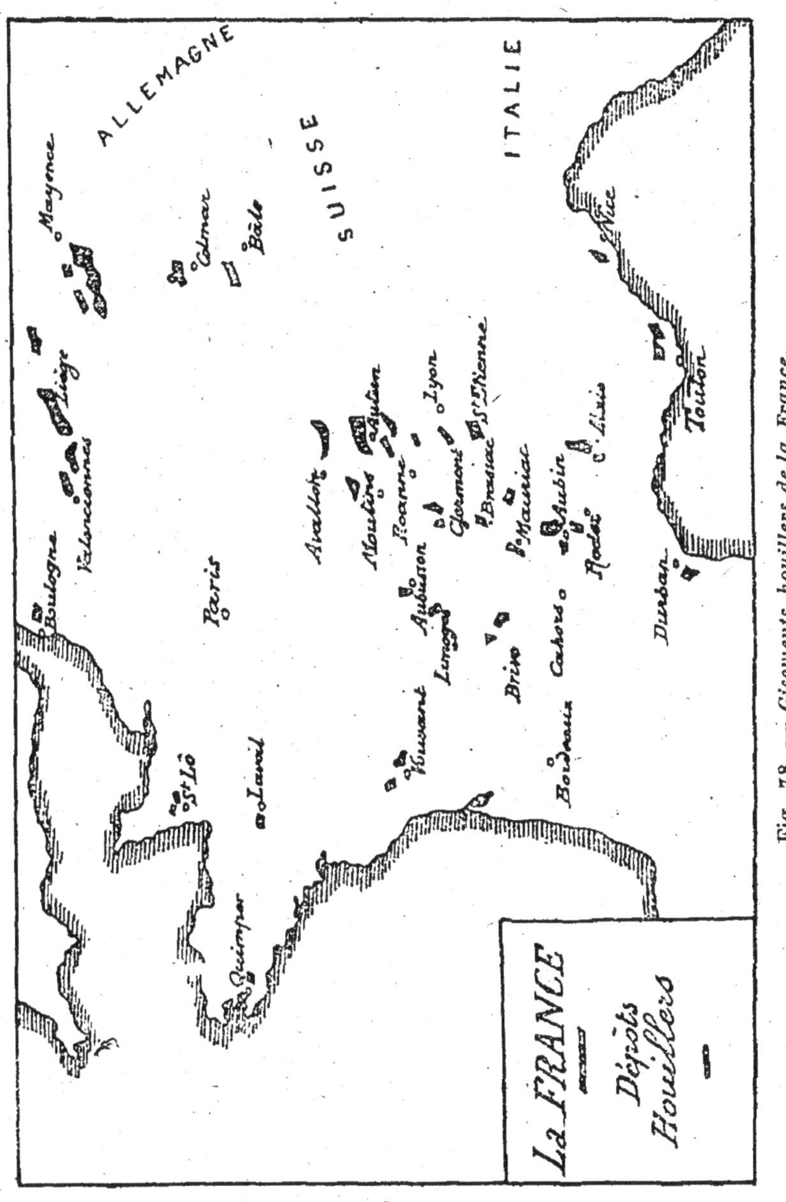

Fig. 78. — *Gisements houillers de la France.*

animaux, nous signalerons le développement des Batraciens *labyrinthodontes* et des Reptiles carnivores du genre *thériodontes*. Parmi les végétaux, nous mentionnerons l'apparition des Conifères. L'atmosphère tend à s'éclaircir.

TABLEAU DE L'ÈRE PRIMAIRE OU PALÉOZOIQUE

Terrains primaires.	*Cambrien*		Fossiles : *Trilobites.*
	Silurien. . . .	Armoricain. . . . . . . Bohémien	Fossiles : *Trilobites Graptolithes, Algues marines.*
	Dévonien . . .	Rhénau. . . . . Eifélien. . . . . Famennien.	Fossiles : *Poissons ganoïdes, Brachiopodes, Plantes terrestres* (Fougères).
	Carboniférien .	Anthracifère. . . . . Houiller.	Fossiles : *Batraciens, Mollusques, Insectes, Cryptogames gigantesques, Gymnospermes.*
	Permien . . .	Nouveau grès rouge. .	Fossiles : *Batraciens, Brachiopodes, Conifères.*

ART. 2. — ÈRE SECONDAIRE

Caractères généraux de l'ère secondaire. — Division. — I. Triasique (roches, mer, vie). — II. Liasique (mer, roches, vie). — Oolithique (mer, roches, vie). — IV. Infracrétacique (mer, roches, vie). — V. Crétacique (mer, roches, vie). La craie.

Caractères généraux. — L'ère *secondaire* comprend la seconde fraction des temps géologiques. Son *commencement* est marqué par le retour sur l'Europe de la mer qui s'était retirée vers l'est. Elle *finit* au moment où s'achèvent les dépôts crayeux de la mer parisienne, au moment où se réveille l'énergie interne qui produira les grands volcans et les hautes montagnes.

Le *mouvement des terres et des mers* consiste en deux grandes oscillations, dont les détails marquent les diverses périodes. Durant la période *triasique*, la mer est revenue jusque sur l'Alsace et sur l'emplacement des Alpes. Durant la période *liasique*, une mer troublée s'étend sur toute l'Europe et s'élève jusque sur le flanc des massifs primitifs. Elle est calme durant la période *oolithique*, et même cède peu à peu devant la terre ferme qui se soulève. La période *infracrétacique* est marquée dans l'Europe occidentale par une lutte entre la mer et les continents.

La mer gagne, règne en maîtresse paisible durant la période *crétacique*, cédant néanmoins peu à peu du terrain dans le bassin parisien.

Les *roches* de l'ère secondaire sont principalement *calcaires* : la plupart se sont formées avec les dépouilles d'êtres vivants, Foraminifères, Polypiers, Echinodermes. Un grand nombre d'assises ont été transformées en marbre. Elles sont largement exploitées pour les matériaux de construction qu'elles fournissent.

La *vie* progresse, elle produit des types nouveaux et plus élevés. — Les *mers* sont habitées par des Brachiopodes et des Céphalopodes en grande quantité. Parmi les Céphalopodes, deux familles surtout sont abondamment répandues, celle des *Ammonites* et celle des *Bélemnites :* toutes deux débutent et finissent avec l'ère secondaire. Sur *terre*, des *Reptiles* remarquables par leur grande taille et leurs formes étranges signalent l'ère secondaire, les *Batraciens* continuent à laisser leurs empreintes; les *Oiseaux* font leur apparition par des types voisins des Reptiles; les *Mammifères* débutent avec leurs formes les plus simples dans les Marsupiaux. — La *végétation* est moins exubérante qu'à l'époque houillère, mais elle comprend des espèces plus élevées : les *Cycadées* et les *Conifères* ont la prépondérance sur les Cryptogames, et vers la fin, on voit apparaître les premières Monocotylédones.

Un *calme parfait* règne sur l'Europe, depuis la fin de la période triasique jusqu'aux débuts de l'ère tertiaire.

Les *conditions atmosphériques* se modifient graduellement. L'air est moins chargé : il laisse passer des rayons solaires directs. Les saisons et les climats commencent à se différencier.

La *durée* des temps secondaires ne peut être définie, même approximativement : peut-être s'exprime-t-elle aussi par des millions d'années.

Division. — L'ère secondaire peut être divisée en cinq périodes : la période *triasique*, la période *liasique* et la période *oolithique*, qui composent la série Jurassique, la période *infracrétacique* et la période *crétacique*.

I. Triasique. — La période *triasique* (*fig.* 79), est ainsi nommée parce que le type normal, étudié d'abord en Lorraine et dans l'Allemagne centrale, se compose de trois étages : le *grès bigarré*, formation arénacée où l'on trouve des traces qui ressemblent à des empreintes de mains humaines et qui ont été faites par des Batraciens labyrinthodontes (*Cheirotherium*). Le *muschelkalk* ou calcaire très riche en coquilles marines ; le *keuper* ou *marnes irisées*,

Fig. 79. — *Paysage triasique animé par des Labyrinthodontes.*

comprenant des argiles bariolées, avec des empreintes tridactyles laissées par des Reptiles dinosauriens (*Brontozoon.*) — Le triasique a été découvert en beaucoup d'endroits sans offrir cette succession de terrains du type normal.

La période triasique est marquée par une invasion orientale de la mer : cependant les eaux ne vont pas au-delà de la Lorraine et de l'emplacement actuel des Alpes.

Les *êtres vivants* (*fig.* 80 à 87), les plus intéressants de cette période sont : *en mer*, des *Crinoïdes*, qui laissent leurs fragments calcaires cristallisés dans les sédiments ; des *Céphalopodes*, comme les Ceratites et les Trachyceras, qui sont les premières Ammonites : — sur *terre*, des *Labyrinthodontes*, comme le Cheirotherium, et des Reptiles *Dino-*

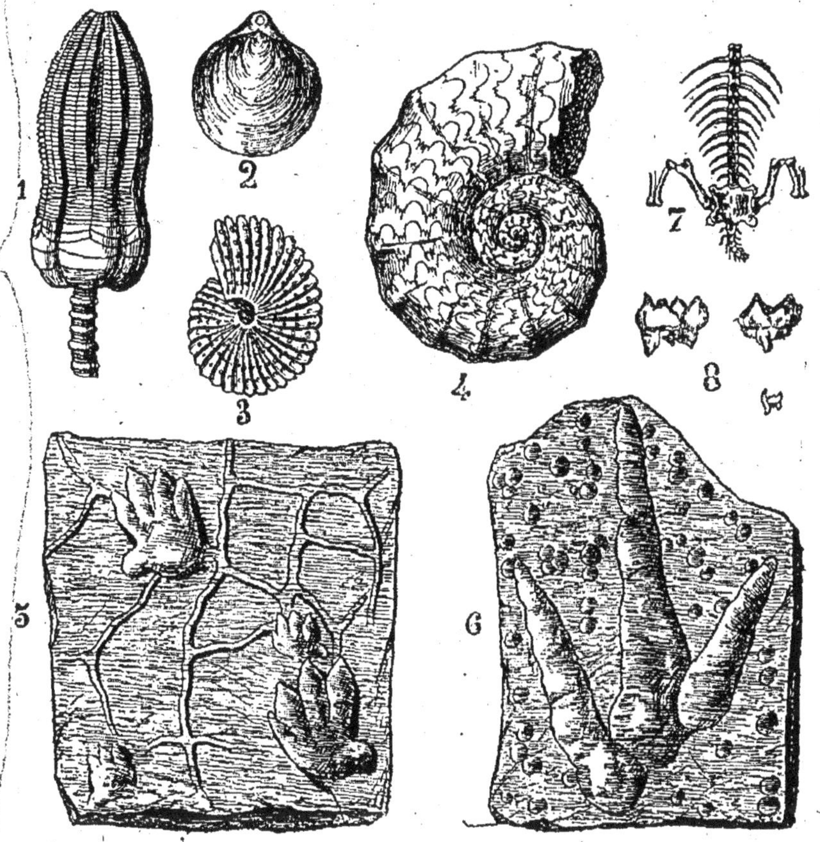

Fig. 80 à 87. — *Fossiles triasiques.*

1, Encrinus liliiformis (sommet de la tige d'un crinoïde). — 2, Terebratula vulgaris (Brachiopode). — 3, Trachyceras Aon (Ammonite). — 4, Ceratites nodosus (Ammonite commençant à plisser ses cloisons). — 5, Traces de Cheirothérium, (Reptile labyrinthodonte). — 6, Trace de Brontozon (Reptile dinosaurien à patte d'oiseau). — 7, Telerpeton (colonne vertébrale d'un Lézard). — 8, Dents de Marsupiaux (Mammifères).

sauriens, comme le Brontozoon. Les premiers Mammifères Marsupiaux y ont laissé des traces, des dents particulièrement. Les Fougères arborescentes paraissent encore ; mais elles commencent à être supplantées par les Conifères.

Les roches les plus exploitées de cette époque sont le *sel gemme* et le *gypse*, dans la Lorraine et le Jura. Ces dépôts sont dûs aux incursions que les eaux marines faisaient souvent en dehors de leurs limites : en s'évaporant dans des lagunes, elles ont laissé précipiter ces deux corps.

II. Liasique. — Le mot *lias* est un mot anglais qui signifie gisement. La période liasique est la première partie d'une plus grande division, nommée *Jurassique* à cause du Jura dont les terrains furent alors formés.

La mer liasique (*fig.* 88), s'étendit largement sur l'Europe et empiéta même sur des massifs émergés depuis longtemps. Les roches formées alors, grès, poudingues, lits d'ossements (bone-beds), argiles, etc.., témoignent que la mer liasique fut assez tourmentée. Les dépôts liasiques sont à la fois très étendus et très épais en France. Ils se rencontrent tout autour des massifs alors émergés : ils comblèrent les détroits qui unissaient d'abord le golfe parisien avec l'Océan Atlantique et avec la Méditerranée.

Dans les *eaux marines* (*fig.* 89 à 98), la vie est principalement représentée : par des *Crinoïdes*, des *Oursins*, des *Brachiopodes*, des *Huîtres gryphées* à bec recourbé, des *Bélemnites* et des *Ammonites* (*fig.* 99 à 104). Les *Bélemnites*, qui n'ont point survécu aux temps secondaires, étaient des Céphalopodes analogues aux Seiches et aux Calmars : le rostre que nous trouvons dans les sédiments était le squelette interne. Les *Ammonites* étaient des Céphalopodes enroulés, à loges multiples séparées par des cloisons : ces cloisons, au lieu de dessiner une ligne simple comme dans les Nautiles, forment des figures persillées d'une grande complication.

Sur les *continents*, aux abords de la mer, vivaient de grands Reptiles nageurs, comme l'Icthyosaure et le Plésiosaure. L'*Icthyosaure* a la tête immédiatement appliquée au tronc ; le *Plésiosaure* a le cou très développé (*fig.* 105).

Plusieurs gisements liasiques sont exploités par l'industrie. A Vassy, on recueille du ciment naturel très apprécié. La pierre à bâtir et la pierre à chaux sont très communes.

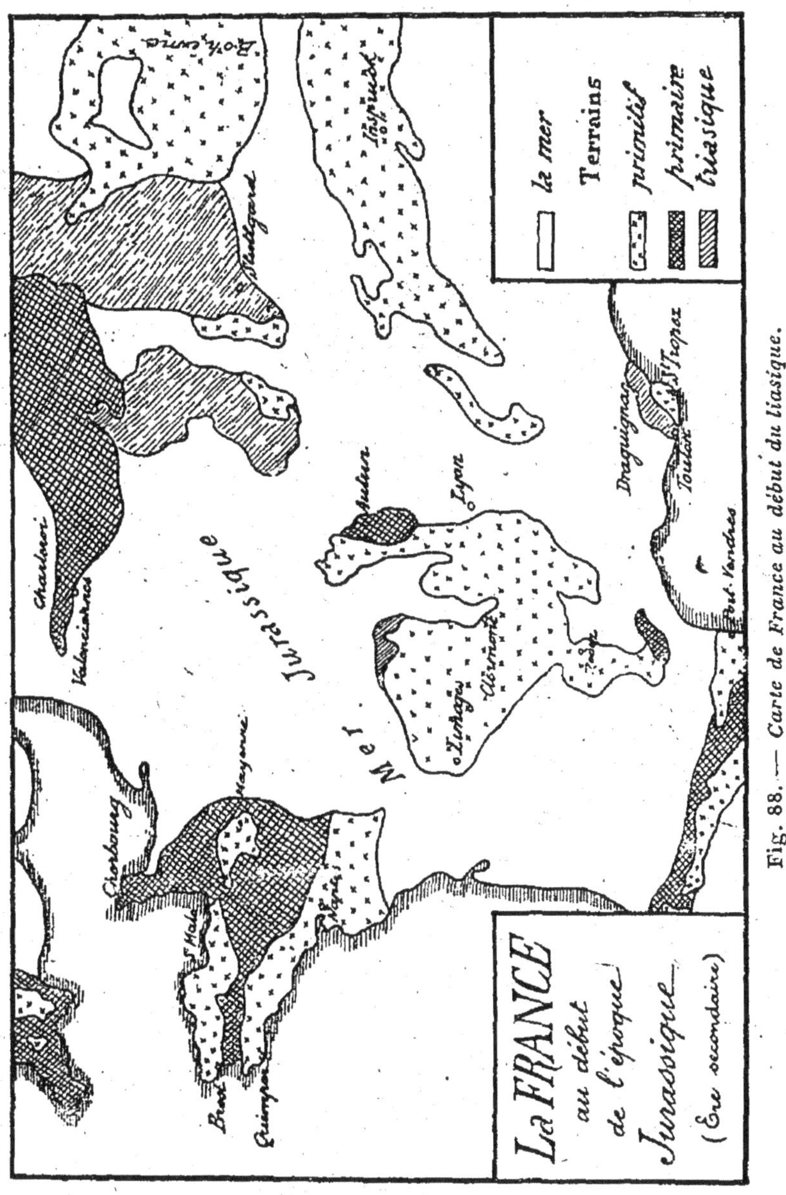

Fig. 88. — *Carte de France au début du liasique.*

III. Oolithique. — La période *oolithique* est ainsi nommée parce que certaines roches de ce temps sont formées de petits grains arrondis semblables à des œufs de poissons. Ces grains, calcaires ou ferrugineux, ont été roulés avant d'être empâtés dans les sédiments.

La mer oolithique est la même que la mer liasique : mais elle est plus calme, et les Polypiers y croissent librement

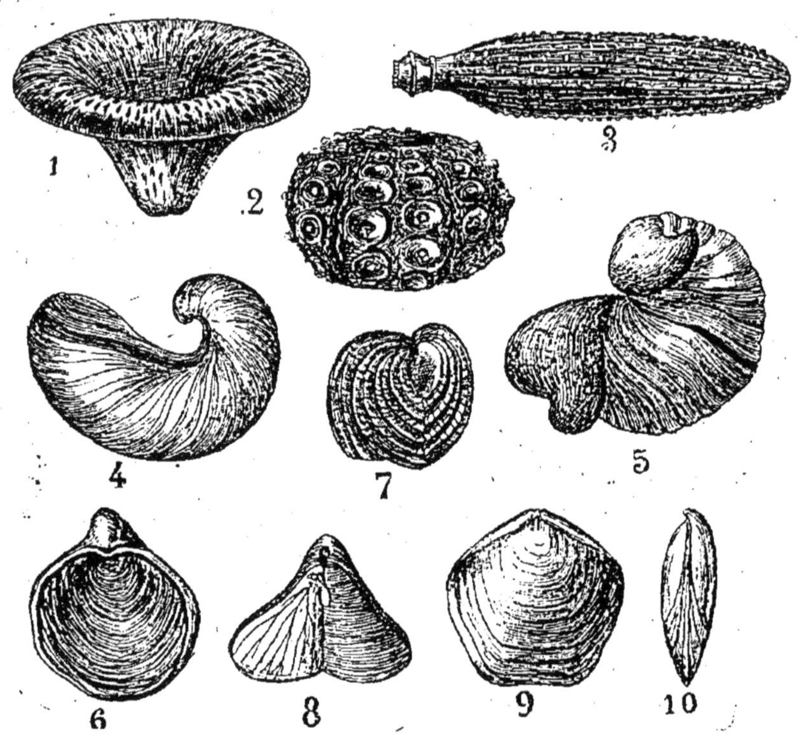

Fig. 89 à 98. — *Fossiles jurassiques* (liasique et oolithique).

1, Scyphia reticulata (Spongiaire de l'étage corallien). — 2, Cidaris florigemma. — 3, baguette du même (Oursin de l'oolithe). — 4, Gryphœa arcuata (Huître caractéristique de l'étage sinémurien). — 5, Diceras arietinum (Mollusque bivalve du Corallien). — 6, Gryphœa dilatata (Huître de l'oxfordien). — 7, Rynchonella decorata (Brachiopode du bathonien). — 8, Terebratula diphya (Brachiopode de l'oolithique). — 9, 10, Terebratula numismalis (Brachiopode du liasique).

jusqu'au 55e degré de latitude. Les constructions organiques occupent alors la plus grande place : la terre ferme gagne : les détroits du Poitou et de la Bourgogne sont définitivement comblés : le bassin parisien est réduit à l'état de golfe profond.

La *faune* est la continuation de la faune liasique. Les

Polypiers couvrent toutes les crêtes sous-marines : un étage de cette période porte même spécialement le nom de *corallien*. Les *Crinoïdes* et les *Oursins* sont si nombreux que leurs fragments accumulés ont formé le beau *calcaire à entroques*, utilisé dans les belles constructions sous le nom de *pierre de Lorraine*. — Les *Brachiopodes*, Térébratules et Rhynchonelles, les *Mollusques bivalves*, Huîtres,

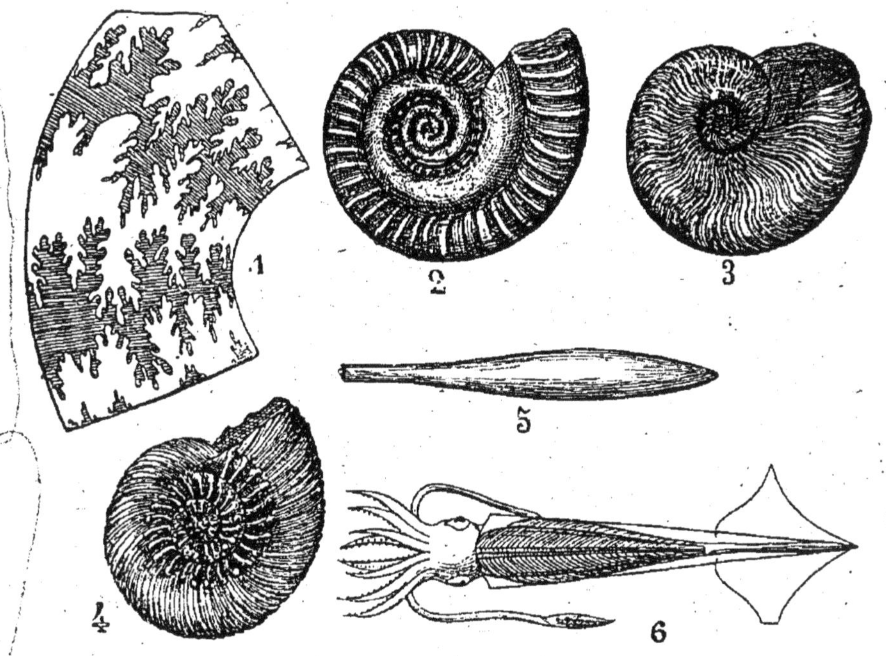

Fig. 99 à 104. — *Fossiles céphalopodes du Jurassique (liasique et oolithique).*

1, Fragments d'Ammonite, montrant le persillage des cloisons. — 2, Ammonites bifrons (caractéristique du liasique supérieur ou toarcien). — 3, Amm. serpentinus (du toarcien). — 4, Amm. humphriesanus (du bajocien). — 5, Belemnites clavatus (rostre de Bélemnite). — 6, le même, en place, dans une bélemnite restaurée sur le plan de la Seiche.

Plicatules, les *Céphalopodes*, Ammonites et Bélemnites, ont laissé de nombreuses traces. — Sur les rivages, outre l'Icthyosaure et le Plésiosaure, on voit apparaître le Ptérodactyle et l'Archæoptéryx. Le *Ptérodactyle* était un Reptile volant : une membrane, largement tendue entre les parois du corps et le cinquième doigt démesurément allongé, lui permettait le vol. L'*Archæoptéryx* a été trouvé dans le calcaire lithographique de Solenhofen, en Bavière : c'était un Oiseau marcheur, portant des plumes aux membres antérieurs et à la queue ; mais, par sa queue et par ses dents, il se rapprochait des Reptiles.

La *flore* continue de se perfectionner : les Cycadées et

Fig. 105. — *Paysage jurassique.*

Sur les rivages de la mer, deux reptiles énormes : le *Plésiosaure*, muni d'un cou allongé ; l'*Icthyosaure*, dont la tête est appliquée immédiatement au tronc. — En l'air, le *Pterodactyle*, reptile volant, muni d'une membrane semblable à celle de la Chauve-souris. — Des Cycadées représentent la flore de l'époque.

les Conifères se multiplient, les Monocotylédones commencent à paraître.

Les terrains oolithiques fournissent de nombreuses variétés de pierre à bâtir et de calcaire lithographique. Dans les régions plissées, les calcaires ont été transformés en marbres.

IV. Infracrétacique. — A la fin de la période oolithique l'Europe septentrionale était presque entièrement émergée : la terre ferme n'était coupée que par de grands lacs

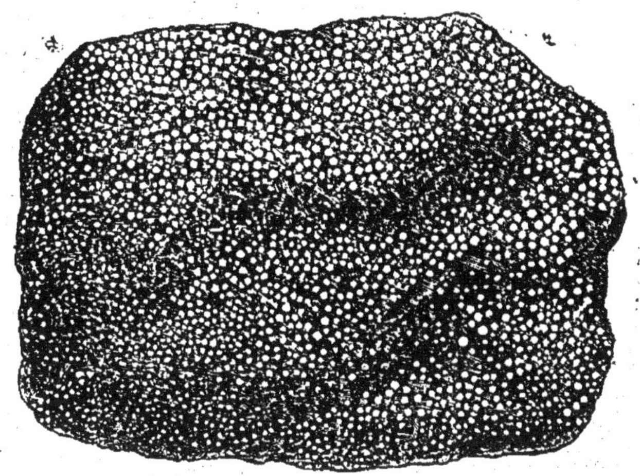

Fig. 106. — *Calcaire oolithique, montrant la disposition des grains arrondis.*

d'eau douce. La mer Méditerranée, plus large, il est vrai, qu'aujourd'hui, baignait l'Espagne, le Languedoc, la Pro-

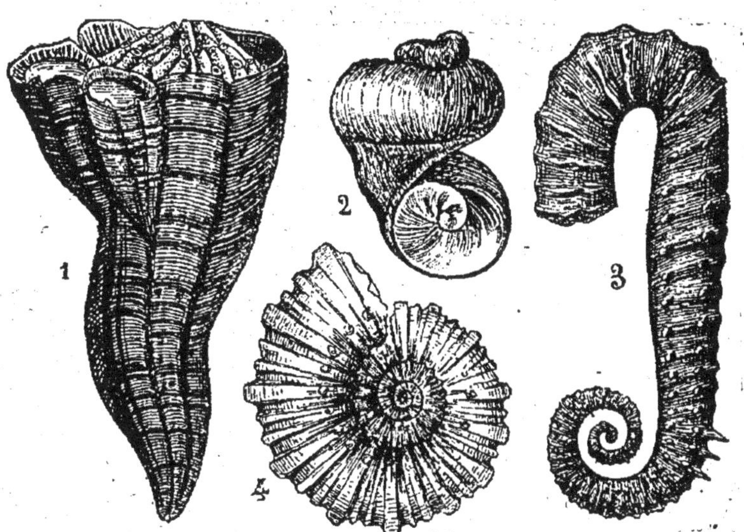

Fig. 107 à 109. — *Fossiles de l'infracrétacé.*

1, Hippurites toucasiana (Rudiste, mollusque bivalve)— 2, Requienia ammonia Mollusque bivalve, dérivé du Diceras). — 3, Ancyloceras matheroni (Céphalopode déroulé). — 4, Ammonites mamillaris.

vence, la région des Alpes. Peu à peu la mer fait une nouvelle invasion par le nord et par l'est. Le bassin parisien se trouve de nouveau inondé quand finit la période infracrétacique : mais la mer va moins loin vers l'ouest que durant les périodes précédentes.

Alors se sont déposées, dans le bassin parisien, ces couches successives d'argiles et de sables qui permettent

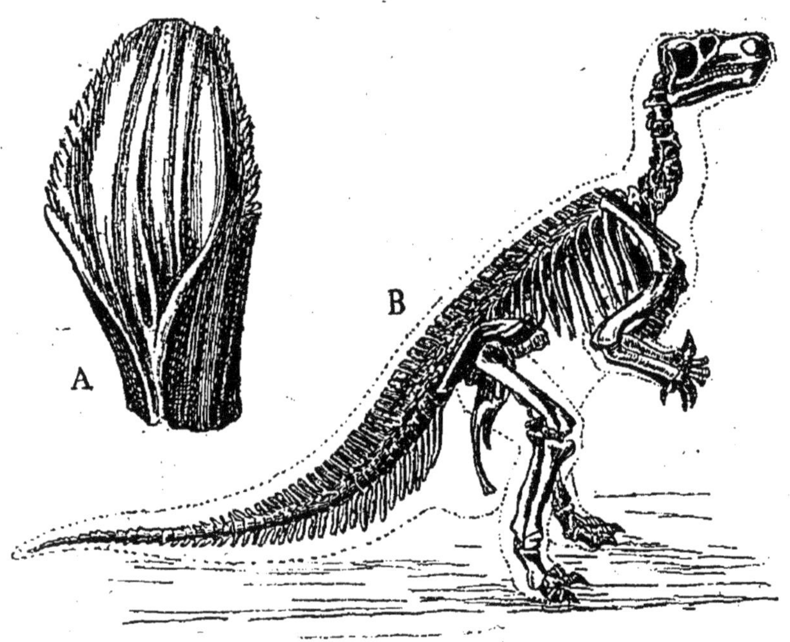

Fig. 110 et 111. — *Iguanodon.*

B, le Reptile est représenté appuyé sur le sol par les pieds postérieurs et sa longue queue. — A, une dent d'Iguanodon, aiguisée et dentelée.

aux eaux pluviales de la Champagne et des Ardennes de s'écouler jusqu'au-dessous de Paris, où elles jaillissent par les puits artésiens. Alors aussi se forment, en mer, ces immenses accumulations de Rudistes soudés les uns aux autres comme des Polypiers.

Parmi les *animaux marins* (*fig.* 107 à 109), nous remarquons : les *Rudistes*, Mollusques bivalves à coquille très résistante, dont une valve s'allonge en cornet, tandis que l'autre est presque plate et sans épaisseur; les *Requienia*, assez voisines des Rudistes, dont une valve est enroulée en spirale et l'autre plate comme un opercule de gastéro-

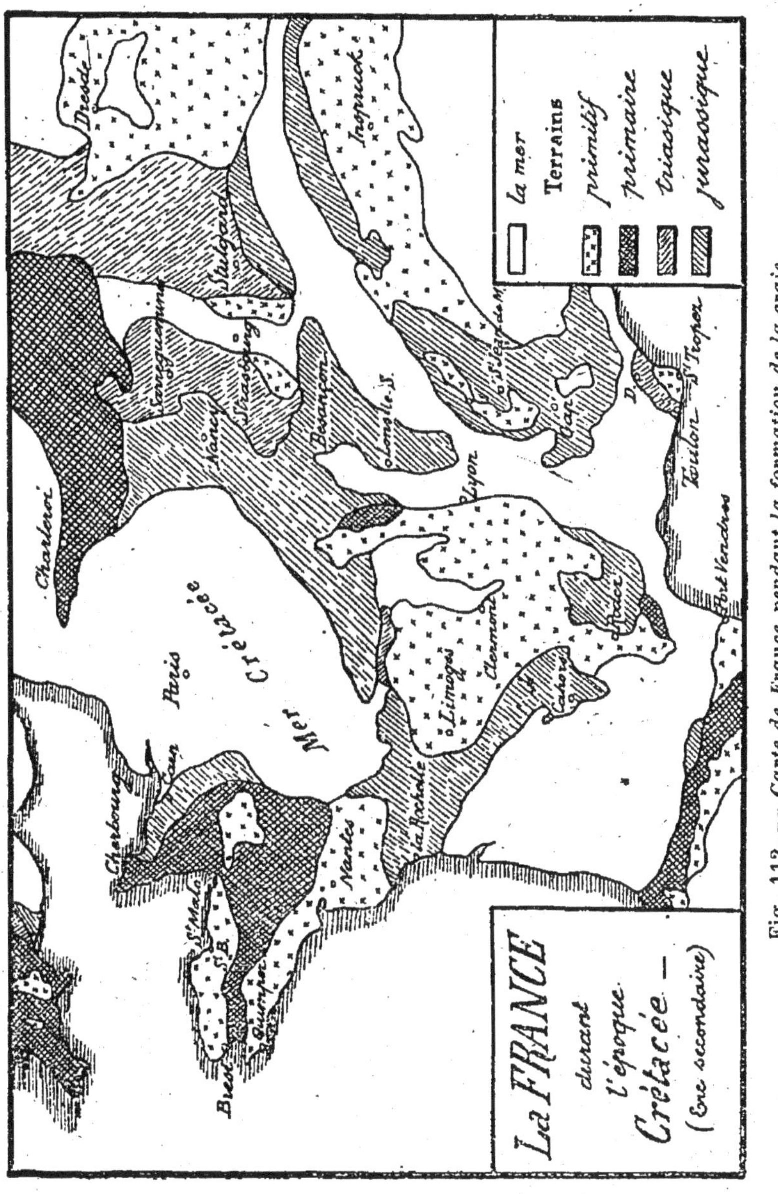

Fig. 112. — *Carte de France pendant la formation de la craie.*

pode. Les Céphalopodes sont encore représentés par des Ammonites, mais surtout par des espèces qui se déroulent

(*Ancylocéras, Criocéras, Hamites...*).—Sur les *plages marécageuses* vivent les *Iguanodons* (*fig.* 110 et 111), reptiles gigantesques. Ils marchaient debout sur les deux pieds de derrière, tenant la tête haute de quatre mètres au-dessus du sol, et traînant une énorme queue, longue de cinq mètres, dont ils se faisaient un point d'appui. Leur nom vient de ce qu'ils avaient des dents à bord tranchant et dentelé.

V. Crétacique. — La période crétacique ou *crétacée* tire son nom de la *craie*, qui en a été la formation la plus saillante. Elle commence au moment où la mer a pris son assiette tranquille dans le bassin parisien (*fig.* 112) : cette mer est un golfe aux eaux chaudes et calmes, dans lesquelles vivent à l'aise les Polypiers et les Foraminifères. Vers le sud, la mer Méditerranée est largement ouverte : elle continue à nourrir des Rudistes qui s'accumulent en vraies montagnes.

Les *roches* diffèrent un peu d'aspect, suivant l'étage où on les considère. Dans l'étage *cénomanien* ou *craie de Rouen*, le calcaire renferme des grains verdâtres de *glauconie* ou silicate de fer. — Dans l'étage *turonien* ou *craie de Tours*, le calcaire est d'abord très marneux, puis il constitue un tuffeau très tendre employé pour les constructions. — Dans l'étage *sénonien*, ou *craie de Meudon*, le calcaire est une pâte blanche souvent entremêlée de silex en rognons disposés par lits. — Dans l'étage *danien* ou *craie de Maëstricht*, très développé en Belgique et en Danemark, le calcaire est dur à la base, pisolithique ou à gros grains au sommet. — La coupe pratiquée au puits de Grenelle, à travers le sol crétacé de Paris, permet de se rendre compte que les dépôts de craie ne furent pas uniformes (*fig.* 113).

La *craie*, examinée au microscope, apparaît formée d'une multitude de petites pièces d'origine organique. Ce sont les coquilles calcaires des Foraminifères qui pullulaient à la surface de la mer crétacée (*fig.* 114) : elles sont tombées en pluie fine au fond des eaux, où elles ont formé la boue crayeuse. Des frustules siliceuses de Radiolaires se trouvaient d'abord mêlées à cette pâte : mais, en vertu de la tendance qu'ont les substances de même nature à se concentrer en un même point, les éléments siliceux se sont groupés et ont formé les rognons de silex.

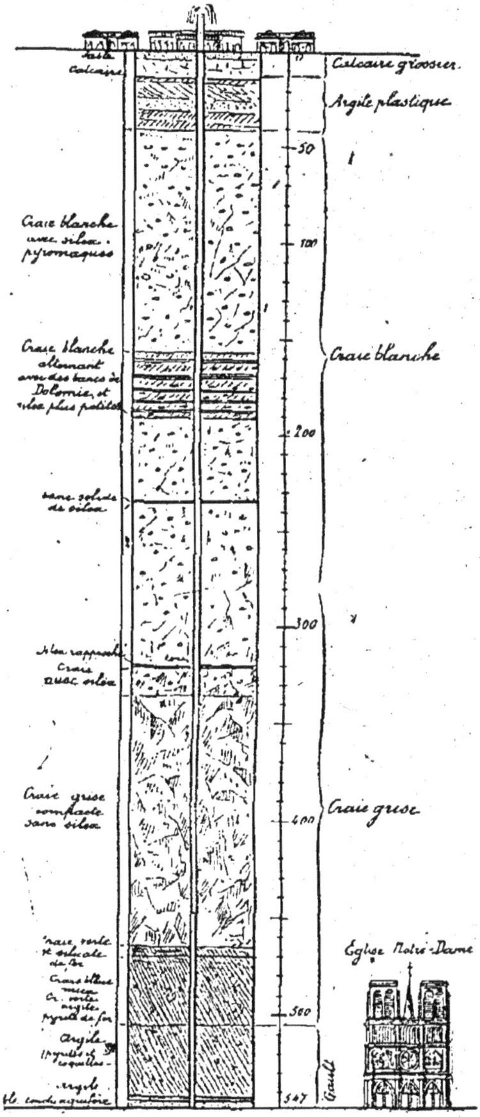

Les *fossiles caractéristiques* de la craie (*fig.* 115 à 120) sont des Oursins, des Huîtres, et surtout des Céphalodes. Les *Ammonites* de Tours et de Rouen sont parfois énormes : les *Scaphites* et les *Ancylocéras* continuent à se dérouler ; dans les *Turrilites*, la coquille cloisonnée s'enroule en spirale, comme une coquille de Gastéropode ; les *Baculites* du danien se développent sur une ligne droite, en présentant des cloisons aussi persillées que celles des Ammonites.

Sur terre vivait un grand oiseau marcheur, l'*Hesperornis*, qui tient des reptiles par ses dents et par sa queue. Les Monocotylédones progressent, les Dicotylédones à feuilles caduques apparaissent.

Fig. 113. — *Puits de Grenelle, montrant les couches du sous-sol parisien jusqu'à 547 mètres de profondeur.*

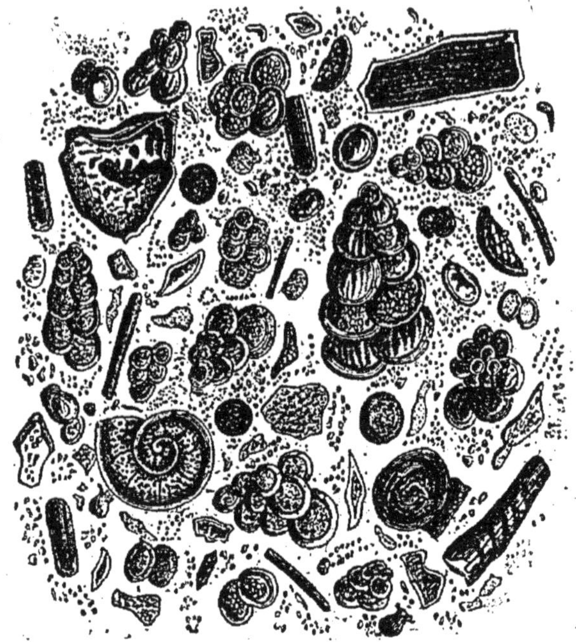

Fig. 114. — *La craie vue au microscope.*

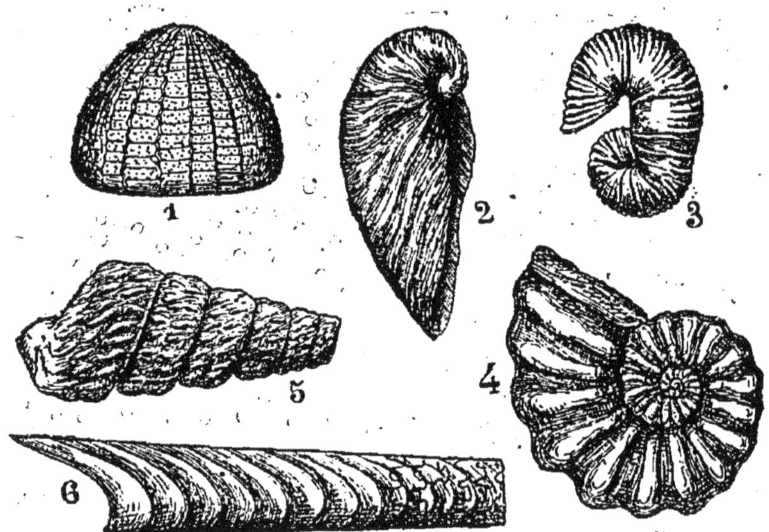

Fig. 115 à 120. — *Fossiles du Crétacique.*

1, Ananchites ovata (Oursin de la craie de Meudon). — 2, Exogyra colomba Huître de l'étage cénomanien). — 3, Scaphites œqualis (de la craie de Rouen, Céphalopode déroulé). — 4, Ammonites rotomagensis (de la craie de Rouen). — 5, Turrilites costatus (Céphalopode spiralé du cénomanien). — 6, Baculites anceps (Céphalopode droit, à cloisons persillées, de l'étage danien).

TABLEAU DE L'ÈRE SECONDAIRE OU MÉSOZOÏQUE

			Étages	Fossiles
Terrains secondaires.	**Jurassique.**	*Triasique.*	Vosgien ou grès bigarré . . . . Conchylien ou Muschelkalk. . . . . . Keupérien ou Marnes irrisées	Fossiles : *Crinoïdes, Cératites, Labyrinthodontes, Marsupiaux. — Fougères. Conifères.*
		Liasique.	Rhétien. . . . . . . Hettangien. . . . . . Sinémurien . . . . . Liasien . . . . Toarcien.	Fossiles : *Polypiers, Echinodermes, Brachiopodes ; Ammonites et Bélemnites ; Gryphées; Icthyosaures, Plesiosaures, Ptérodactyles; Archæopteryx.*
		Oolithique	Bajocien. . . . . . . Bathonien. . . . . . Oxfordien. . . . . . Corallien. . . . . . Portlandien . . . . . Kimméridgien	*— Fougères, Cyeadées, Conifères; premières monocotylédones,*
	Infracrétacique		Néocomien. . . . . . Urgonien . . . . . . Aptien . . . . Albien	Fossiles : *Foraminifères, Oursins, Rudistes, Huîtres, Inocerames ; Ammonites, Nautiles, Scaphites, Baculites, Bélemnites ; Iguanodons, Mosasaures; Oiseaux pourvus de dents.*
	Crétacique		Cénomanien ou Craie glauconieuse. . . . Turonien ou Craie tuffeau. . . . . Sénonien ou Craie blanche. . . . . . Danien	*— Fougères, Cycadées, Conifères ; Palmiers, Peupliers; Hêtres, Platanes.*

ART. 3. — ÈRE TERTIAIRE

Caractères généraux de l'ère tertiaire. — Division. — I. Eocène : mers, étages (suessonien, parisien), vie. — II. Oligocène : mer, étages (tongrien, aquitanien), vie. — III. Miocène : mer, roches, vie. — IV. Pliocène : creusement de vallées, vie.

Caractères généraux. — L'ère *tertiaire* comprend la troisième partie des temps géologiques. Son *commencement* est marqué par le réveil de l'activité interne et par un exhaussement du sol parisien qui rejette vers le nord la mer crétacée. Elle *finit* après le creusement des vallées, au moment où s'ouvre la période glaciaire.

Après un certain temps de *lutte* entre la terre ferme et la mer, les continents prennent leur configuration définitive qui n'a point sensiblement varié durant l'ère quaternaire.

Les *roches* de l'ère tertiaire sont à la fois d'origine organique, d'origine détritique et d'origine chimique. Les roches d'origine détritique sont les plus abondantes : elles forment de puissantes assises de calcaire, de grès, d'argile, que l'industrie exploite. Les roches d'origine chimique constituent deux espèces bien importantes : le *gypse*, exploité comme pierre à plâtre ; la *meulière*, ou silice caverneuse, si précieuse dans les constructions qu'on veut légères et solides à la fois. Les roches d'origine organique sont moins nombreuses : le *calcaire à miliolites* et la *pierre à liards* se sont formés aux dépens des Foraminifères.

Les *êtres vivants* peuplent par degrés la terre et les mers des espèces encore existantes. Les Monocotylédones et les arbres à feuilles caduques arrivent peu à peu à leur apogée. L'apparition des *Graminées*, Céréales et plantes fourragères, va permettre aux grands *Mammifères* de se développer en leur fournissant une abondante nourriture. La faune se complète, en effet, par les animaux supérieurs. L'Homme, toutefois, ne paraît pas encore dans le domaine dont il doit être le roi.

La *formation des hautes montagnes* est évidemment le fait le plus saillant de cette ère. Ces chaînes de montagnes ne surgissent pas sans produire des fentes où s'injectent les filons, sans ouvrir des volcans qui vomissent des torrents de lave.

Les *conditions climatologiques* se rapprochent de celles du temps présent. Quoique la zone chaude s'étende encore assez haut vers le nord, on peut déjà bien distinguer les climats différents, la succession des saisons.

L'ère tertiaire paraît avoir été plus courte que les deux précédentes : ainsi que pour les deux autres, il vaut mieux sans doute ne pas lui assigner une durée.

Division. — L'ère tertiaire se divise en quatre périodes : l'*éocène*, qui est l'aurore des formes vivantes actuelles ; l'*oligocène*, qui n'en voit qu'un peu ; le *miocène*, qui en présente moins que le suivant; le *pliocène*, qui les possède presque toutes.

I. Éocène. — La période *éocène* est ainsi nommée parce qu'elle contient quelques-unes des espèces vivantes actuelles. Une grande différence règne entre le nord et le midi de l'Europe, surtout en France (*fig.* 121). — Dans le nord, il y a lutte incessante entre la mer et la terre ferme : on peut dire que la mer est encore maîtresse au centre du bassin parisien. — Dans le midi, la Méditerranée est quatre ou cinq fois plus vaste que de nos jours : dans ses eaux se développent des Protozoaires, comme les Nummulites, amis de la chaleur : sur ses bords croît la flore méditerranéenne des Palmiers, des Cocotiers, des Dattiers, etc...

Les *roches* de l'éocène sont souvent appelées roches du *terrain parisien*.

Dans l'étage inférieur ou *suessonien*, on remarque : au nord-est, des dépôts marins de sables, de grès, de calcaires (sables de Bracheux et du Soissonnais, calcaire de Rilly et de Sézane); au centre de la cuvette parisienne, des dépôts lacustres d'argile plastique : cette argile, d'abord bariolée, puis bleuâtre, épaisse de 50 mètres en certains endroits, est activement exploitée pour les poteries.

Dans l'étage supérieur ou *parisien*, on doit noter trois formations principales. Le *calcaire grossier* est la première : de cette masse, épaisse de 10 à 60 mètres, on a tiré presque tous les matériaux de construction de la ville de Paris. La portion inférieure (pierre à liards, pierre à verrains), fournit des moellons; la partie moyenne, tendre, durcissant à l'air, fournit des pierres de taille (calcaire à miliolites); la partie supérieure (banc vert), dure, résistante, très compacte, fournit des matériaux de soubassement, d'angle, de colonne, d'escalier... — Les *sables de Beauchamp* sont la seconde partie du parisien : ces sables sont tantôt meubles, tantôt agrégés en grès utilisé pour le pavage : parfois les débris de coquilles et de polypiers y abondent. Au même niveau se rencontre le calcaire de Saint-Ouen, formé dans les eaux lacustres. — Les

masses du gypse, alternant avec des marnes, sont la troisième
partie du parisien : à Montmartre, à Argenteuil, le gypse

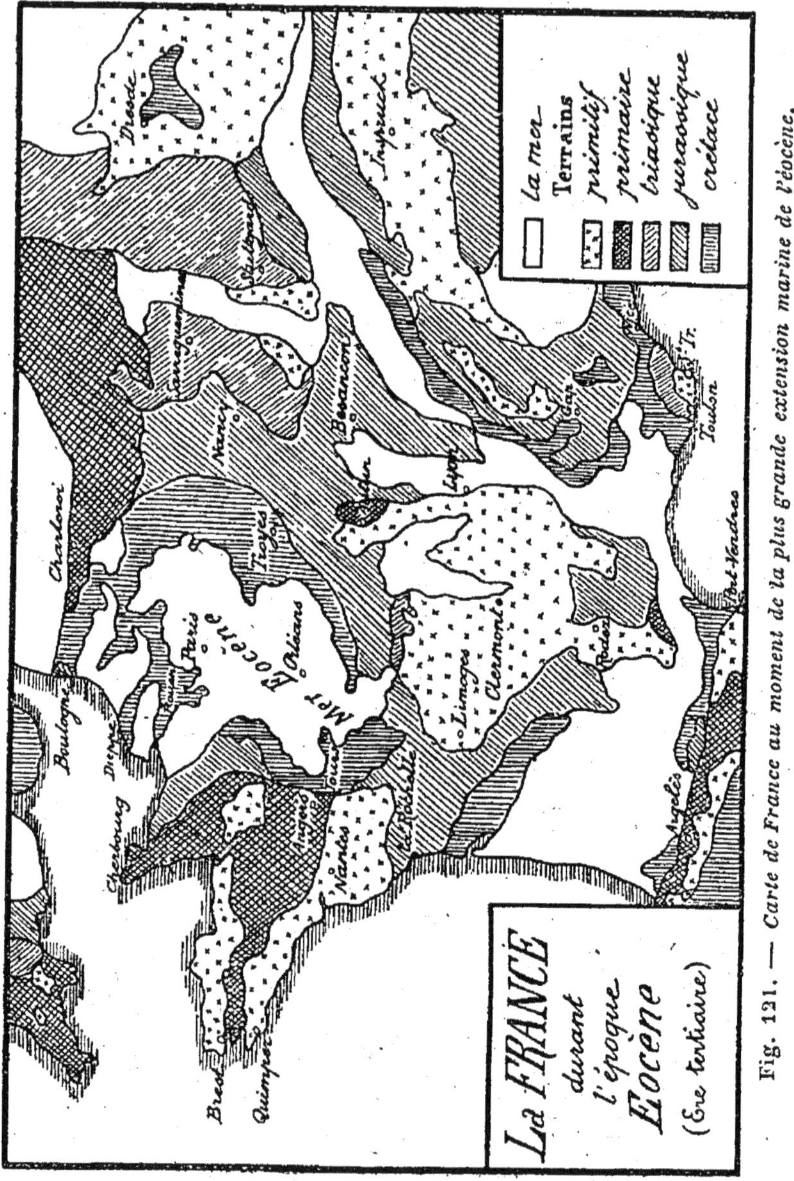

Fig. 121. — *Carte de France au moment de la plus grande extension marine de l'éocène.*

a plus de 50 mètres de hauteur. On exploite le gypse et
on le fait cuire pour fabriquer le plâtre ; les marnes ser-

vent à faire de la chaux hydraulique. Au même niveau se rencontre le travertin de Champigny, calcaire lacustre très dur exploité comme pierre à chaux, entremêlé de dépôts siliceux, particulièrement de calcédoine.

Quant à la *vie* (*fig.* 122 *à* 128), elle présente des formes très variées et très riches. — *En mer*, les Ammonites et les Belemmites ont disparu, mais les *Mollusques lamelli-*

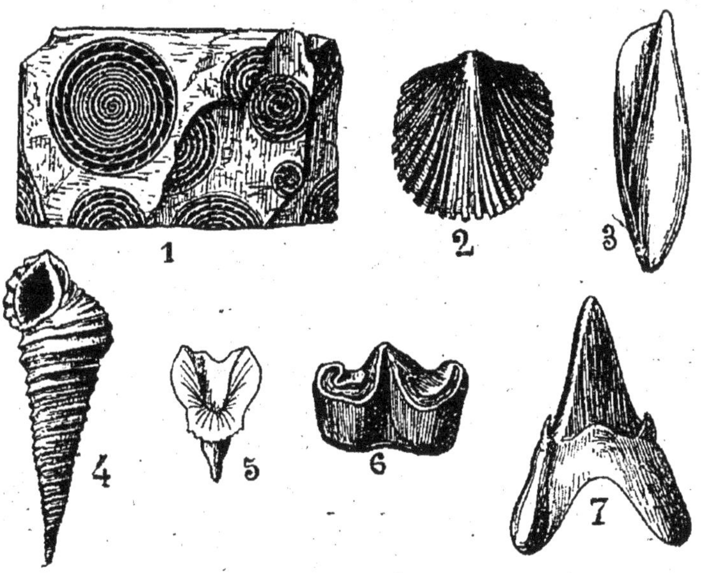

Fig. 122 à 128. — *Fossiles éocènes.*

1, Plaque calcaire montrant les *Nummulites* en forme de pièces de monnaie ou liards. — 2, Cardium porulosum (Mollusque bivalve). — 3, Terebellum convolutum (Gastéropode du calcaire grossier). — 4, Cerithium mutabile (Gastéropode du calcaire grossier et des sables de Beauchamp). — 5, Bec de Seiche (dans le calcaire grossier). — 6, Molaire de Palæothérium (Pachyderme de l'éocène supérieur). — 7, Dent de Squale (à la limite de l'argile plastique et du calcaire grossier).

branches et *gastéropodes* abondent; les *Nummulites*, formés de cellules de Protozoaires groupées en spirale autour d'un centre, pullulent à la fois dans le nord et le midi; des dents de *Squales*, très nombreuses sur les anciens rivages éocènes, annoncent le développement de ces animaux. — *Sur terre*, les grands Reptiles ont disparu, mais ils sont remplacés par les Mammifères, surtout par les Pachydermes et les Ruminants, par de grands oiseaux marcheurs

(*Gastornis*). — En même temps, la flore se perfectionne et fournit à tous les herbivores les Graminées comme nourriture.

II. **Oligocène.** — L'*oligocène* contient un peu plus d'espèces actuelles que l'éocène. Cette période commence avec le principal soulèvement des Pyrénées et des Apennins : elle finit avec les premiers mouvements des Alpes. — Dans le *nord*, l'oligocène commence par une large extension de la mer ; le retrait définitif de la mer en marque la fin : les grands lacs d'eau douce qui en prennent la place se dessèchent eux-mêmes, laissant le nord de la France complètement émergé. — Dans le *sud*, la mer Méditerranée se resserre peu à peu, grâce aux montagnes dont les plis ont exhaussé le sol.

Le premier étage, le *tongrien*, atteste une lutte entre les mers et la terre ferme. Les glaises qui sont à la base sont de formation tantôt marine, tantôt lacustre. Le *calcaire de Brie* est de formation lacustre : son plus beau développement est à Château-Landon, où il a été exploité. pour bâtir l'arc de triomphe de l'Étoile et la basilique de Montmartre. Au même niveau sont les *meulières de Brie*, roches caverneuses très propres aux constructions qu'on veut légères et solides à la fois.

Le second étage, l'*aquitanien*, est d'abord de formation marine. Alors se déposent les épaisses assises des *sables de Fontainebleau*, qui ont souvent 30 à 40 mètres de hauteur : c'est à travers cette couche meuble qu'il a fallu creuser des puits et bâtir d'énormes piliers, pour appuyer sur les couches résistantes du gypse la basilique du Sacré-Cœur à Montmartre. La mer ne tarde pas à se retirer vers le nord ; dans les grands lacs qui la remplacent momentanément se forment des calcaires et des meulières (*calcaire de Beauce, meulière de Montmorency*). Une fois ces lacs vidés par un exhaussement du sol, le bassin parisien se trouve émergé pour toujours. Le sol parisien est achevé : il sera seulement remanié dans la suite par les eaux qui y creuseront des vallées.

Durant l'oligocène, l'Aquitaine fut aussi envahie par la mer : mais les eaux sont peu à peu repoussées ; à la fin, elles forment seulement un golfe étroit dans le Bordelais. Les traces de cette mer se retrouvent dans les sables coquillers si bien étudiés à Saucats et à Léognan.

La faune terrestre comprend alors des Pachydermes voisins du Porc (Palæotherium), des Carnassiers, des Ruminants sans cornes, des Solipèdes, voisins des Chevaux. — La flore est très riche : les arbres à feuilles caduques se multiplient vers le nord, ce qui annonce un refroidissement de l'atmosphère. Au niveau de la Suisse, on trouve à la fois des Palmiers, des Camphriers, des Chênes, des Érables et des Acacias.

III. Miocène. — Le *miocène* voit augmenter encore le nombre des espèces actuelles. Les mouvements du sol y sont très accentués : c'est alors que surgissent les Alpes, l'Himalaya, les Cordillières. — Au régime des grands lacs succède un système de vallées fluviales qui découpent la France en une sorte d'archipel. La principale vallée partait de la Suisse, encore sous les eaux de la *mer de molasse*, suivait le lit actuel de la Loire et se divisait de manière à envelopper la Bretagne comme une île entre deux courants. De la Suisse, un autre courant se répandait dans la vallée du Rhône.

La température était encore bien élevée dans nos régions. Le froid n'avait pas complètement envahi le nord, puisque l'Islande était couverte de riches forêts d'un climat tempéré.

Trois formations principales nous intéressent à cette période : 1° Les *sables de l'Orléanais*, grossiers et argileux, d'une vingtaine de mètres d'épaisseur, se trouvent sur les bords de la vallée de la Loire, dont le creusement remonte à cette époque ; 2° Les *sables de la Sologne*, très ingrats pour la culture, dépourvus de fossiles, forment d'épaisses assises sur la rive droite de la Loire ; 3° Les *faluns de Touraine* sont des dépôts marins, composés de sables siliceux et calcaires, mêlés à des débris de coquilles et de polypiers. On les trouve développés à Pontlevoy et jusque dans l'Anjou.

C'est à cette époque que les Mammifères atteignirent

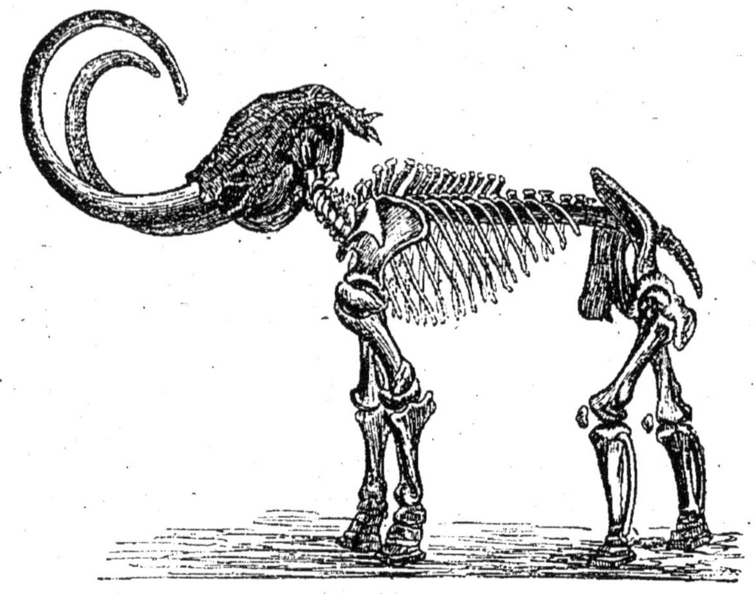

Fig. 129. — *Squelette de Mastodonte.*

leur plus fort développement. On trouve les restes du *Mostodonte* (*fig.* 129) aux dents mamelonnées (*fig.* 130), le *Dinothérium* aux puissantes défenses, le *Rhinocéros*, les *Solipèdes*, les *Herbivores*, etc. — La flore dénote un climat

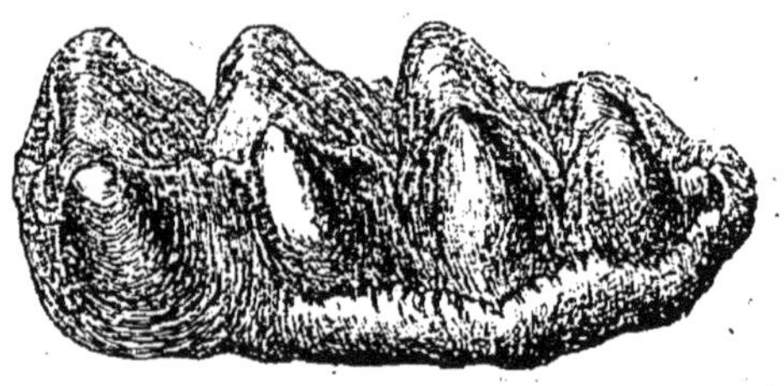

Fig. 130. — *Dent mamelonnée de Mastodonte.*

très doux en hiver et pluvieux en été. Peupliers, Érables, Bouleaux, Aulnes, Charmes, Platanes, Lauriers, Camphriers, etc., poussent côte à côte sur le sol français.

6.

IV. Pliocène. — Le *Pliocène* a la plupart des espèces actuelles. Durant cette période s'achèvent les grands soulèvements des Alpes et des Apennins ;. la fin est marquée par le commencement des grands glaciers.

En France, où le sol est désormais émergé, le pliocène a peu d'importance. Cependant, un bras de mer, détaché de la Méditerranée, s'avançait jusqu'à Lyon ; aussi trouve-t-on des faluns coquillers dans la vallée du Rhône. En Italie, les formations marines pliocènes sont abondantes ; on peut dire que la presqu'île tend alors à sortir des eaux.

Néanmoins, un travail géologique considérable s'accomplit en France. Les pluies sont extrêmement abondantes, soit à cause des vapeurs qui s'exhalent des mers encore tièdes, soit à cause des sommets montagneux, récemment formés, qui condensent ces vapeurs. Des masses d'eau si énormes coulent sur la terre ferme et y creusent de larges vallées. Les vallées de la Seine, de la Somme, de la Garonne, etc., datent de cette époque. Une coupe faite à travers la vallée de la Seine, à Paris, montre bien que les eaux ont affouillé le sol et détruit les formations éocènes et oligocènes. Les fleuves avaient alors une largeur et une puissance qu'ils n'ont plus. Ainsi, la Seine remplissait son lit majeur, plus de 6 kilomètres, et roulait des galets qu'on trouve encore sur le fond du lit.

Les grands Mammifères étaient maîtres de la terre ferme : le Mastodonte, l'Éléphant méridional, l'Hippopotame, le Rhinocéros, le Cerf, le Bœuf, l'Hipparion et le Cheval. Au contraire, les Singes, qui avaient déjà peuplé l'Europe, émigrent vers l'Asie et l'Afrique. — La flore est de plus en plus distincte par zones, ce qui prouve que les saisons prennent les caractères qu'elles ont aujourd'hui.

TABLEAU DE L'ÈRE TERTIAIRE OU NÉOZOÏQUE

Terrains tertiaires.			
	Eocène.	Suessonien	Fossiles : *Nummulites, Miliolites ; Oursins ; Huîtres, Cérites ; Gastornis* (Oiseau marcheur); grands Mammifères : *Hippopotame, Cheval, Cerf, Mastodonte, Singes, Hipparion, Paléothérium, Lophiodon, Coryphodon, etc...*
		Parisien.	
	Oligocène.	Tongrien	
		Aquitanien	
	Miocène.	Sables de l'Orléanais	
		Sables de la Sologne	— Plantes supérieures : *Dattiers, Canneliers, Palmiers, Lauriers, Camphriers, Erables, Platanes, Graminées, etc.*
		Faluns de Touraine	
	Pliocène.		

ART. 4. — ÈRE QUATERNAIRE

Définition de l'ère quaternaire. — I. Conditions atmosphériques de l'époque glaciaire. — II. Travail des eaux pluviales : alluvions quaternaires, loess, dépôts des cavernes. — III. Dépôts glaciaires : division des temps glaciaires, restes glaciaires. — IV. Faune quaternaire. — V. Apparition de l'homme : traces humaines, antiquité de l'homme, âges préhistoriques.

Définition. — L'*Ère quaternaire* (*fig.* 131) est celle dans laquelle nous vivons. Elle n'est que la continuation de l'ère tertiaire ; nous la traitons à part, à cause de l'apparition de l'Homme qui la signale.

Relativement aux ères précédentes, sa *durée* est fort petite. Elle commence au moment où les grands glaciers descendent des sommets montagneux sur l'Europe et sur l'Amérique.

On la divise en deux parties : la *période glaciaire* et la *période moderne*. La période moderne n'offre que le tableau des phénomènes actuels décrits dans les premiers chapitres. La période glaciaire ne peut point être subdivisée par des terrains superposés ; car les dépôts marins de cette époque sont toujours ensevelis sous les eaux, et les dépôts terrestres ne peuvent être caractérisés que par le mode de leur formation : alluvions, loess, dépôts de cavernes, etc. Aussi nous traiterons isolément les questions relatives à l'ère quaternaire.

I. Conditions atmosphériques de l'époque glaciaire.
— La première partie de l'ère quaternaire fut signa-

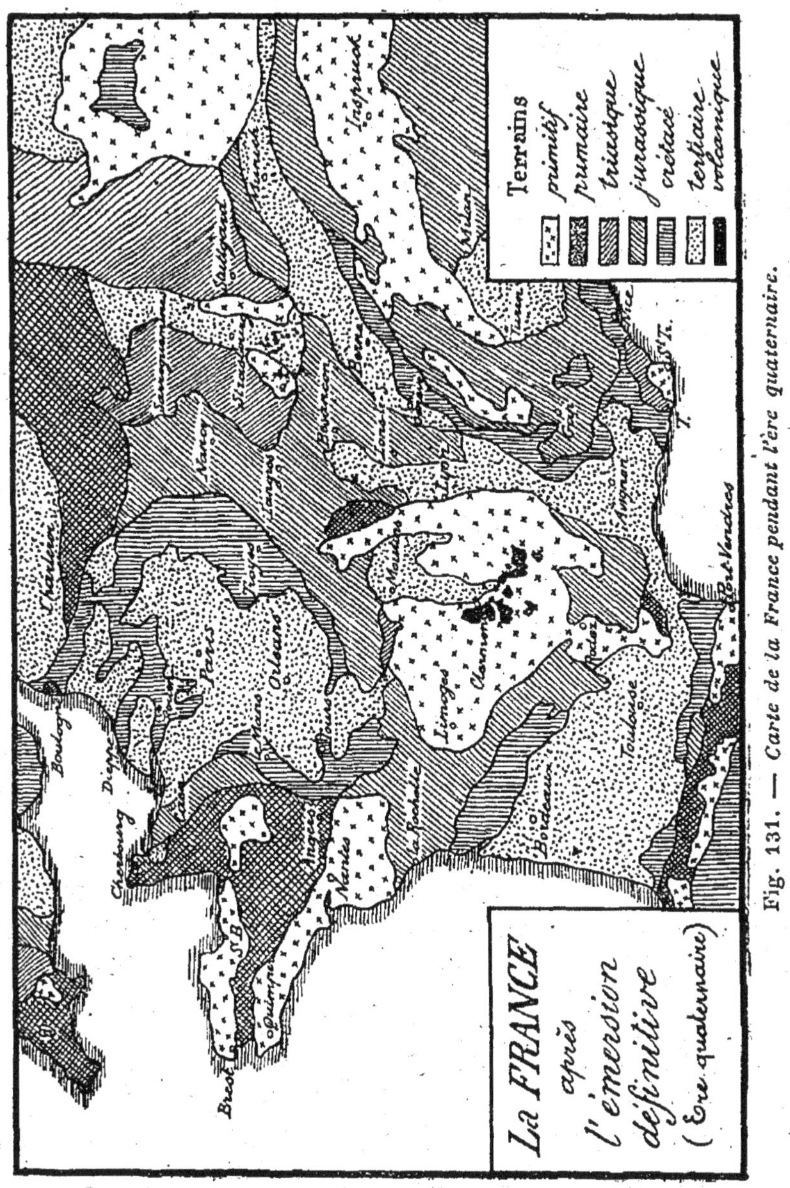

Fig. 131. — *Carte de la France pendant l'ère quaternaire.*

lée par une abondance extraordinaire de vapeur d'eau.
En effet, la condensation des vapeurs produisit des pluies

torrentielles dans les plaines et des monceaux de neige dans les montagnes. — Les eaux de pluie formèrent de larges rivières, qui continuèrent le creusement des vallées, et qui remplirent tout le lit majeur de nos fleuves. — Les neiges formèrent des glaciers immenses ; les uns descendirent de la Scandinavie et de l'Écosse jusqu'en Saxe ; les autres allèrent du sommet des Alpes jusqu'à Lyon et sur le Jura.

On a recherché la cause d'un état si particulier de l'atmosphère. Ce n'est pas sans doute à un refroidissement de l'air qu'il faut l'attribuer, mais seulement à l'influence des sommets montagneux sur d'abondantes vapeurs d'eau. Les mers, parcourues par des courants chauds, comme le *Gulf stream*, fournissaient beaucoup de vapeurs. Au contact des continents, et surtout des montagnes, ces vapeurs se condensaient en pluies ou en neiges.

II. **Travail des eaux pluviales.** — C'est aux eaux pluviales qu'il faut attribuer la formation des alluvions fluviales, du loess, des dépôts de cavernes.

Les **alluvions quaternaires** sont formées de galets, de graviers, de sables et de boues, parmi lesquels on trouve souvent des ossements de vertébrés. Ces alluvions couvrent le fond des vallées, et on les voit aussi sur des terrasses situées à diverses hauteurs sur le flanc des côteaux voisins.

Les fleuves quaternaires ont d'abord achevé le creusement des vallées (*fig.* 132) ; mais, à mesure qu'ils opéraient ce travail, ils se rétrécissaient, laissant sur les côtés une partie du lit qu'ils avaient primitivement occupé. En remuant les alluvions d'un fleuve, on remarque que les dépôts de graviers et de galets y ont une grande épaisseur, que souvent il y a des alternances de gros éléments et de matériaux ténus. Cela suffit à prouver : 1° que les fleuves ont eu autrefois la puissance de transporter des matériaux qu'ils ne peuvent plus remuer aujourd'hui ; 2° que l'activité n'a pas décru d'une façon régulière, mais que souvent elle s'est ranimée jusqu'à devenir capable de soulever les galets.

Le **Loess**, appelé aussi *diluvium*, parce qu'on crut d'abord
avoir découvert en lui les restes du déluge décrit par Moïse,
est une couche superficielle qui offre par toute la terre le
même aspect : on la voit sur les collines et les montagnes,
aussi bien que dans les vallées. Dans certaines vallées chi-
noises, il a jusqu'à 400 mètres d'épaisseur. — Considéré
en coupe verticale, il paraît avoir deux niveaux : le niveau
inférieur est gris, le niveau supérieur est rougeâtre. En
réalité, c'est le même dépôt, rougi à la partie supérieure
par les eaux de pluie qui ont transformé en *rouille* les éléments ferrugineux.

Le loess est formé d'argile, de sable, de calcaire, de pe-

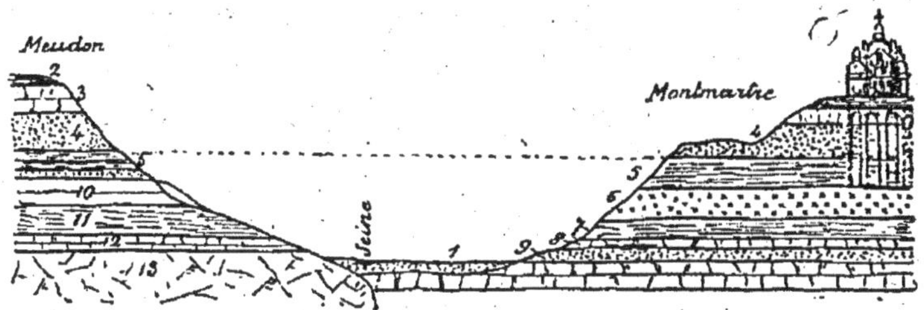

Fig. 132. — *La vallée de la Seine depuis Meudon jusqu'à Montmartre.*

1, Alluvions au fond de la vallée. — 2, Limon des plateaux ou loess. — 3, Meulière
de Beauce. — 4, Sables supérieurs ou de Fontainebleau. — 5, Marnes supérieures
au gypse. — 6, Gypse. — 7, Marnes inférieures au gypse. — 8, Travertin de St-
Ouen. — 9, Sables moyens ou de Beauchamp. — 10, Calcaire grossier. — 11, Argile
plastique. — 12, Calcaire pisolithique, étage danien du Crétacé. — 13, Craie de
Meudon. — On voit, à droite, la basilique de Montmartre : pour donner à l'édifice
une base solide, il a fallu la construire sur des piliers qui reposent à 30 mètres de
profondeur, sur le gypse ou pierre à plâtre.

tites paillettes de mica ; il est coloré en jaune ou en rouge
par le fer. La partie supérieure, la plus rouge, a moins de
calcaire ; elle est souvent employée comme *terre à briques.*
Dans les campagnes, les pauvres s'en servent, au lieu de
chaux, pour faire le mortier de leurs constructions. — Des
silex s'y rencontrent, non point roulés, mais éclatés : ce
sont les brusques alternatives de froid et de chaud qui les
ont fait éclater.

Les **dépôts des cavernes** sont le résultat tantôt du
ruissellement superficiel, tantôt de l'infiltration lente. —
Quand, dans une caverne, on trouve mélangés des cail-

loux, du sable, de la boue, des ossements, on peut affirmer
que ce sont des matériaux arrachés à la surface du sol par
les eaux sauvages, et enfouis dans cette caverne par la
chute de ces eaux dans une fente aboutissant à cette an-
fractuosité. — Lorsque ce sont des tufs, des stalagmites
et des stalactites, formant des colonnes ou seulement des
pendentifs, on est assuré que c'est l'effet des eaux d'infiltration. Dans certaines grottes, des stalagmites fort anciens ont empâté des débris d'animaux et d'instruments
humains, formant des brèches ossifères.

III. **Dépôts glaciaires.** — De récents travaux ont permis d'établir la succession des glaciers. Il y a eu trois invasions glaciaires dans le Nord ainsi que dans les régions
montagneuses : chaque invasion fut suivie d'un recul des
glaciers. Ces reculs n'étaient pas de ces petites oscillations
qu'on remarque sans cesse dans les glaciers : ils duraient
longtemps, laissant à découvert les moraines abandonnées
par le glacier précédent. De la sorte, sur les moraines de
chaque invasion glaciaire on voit les dépôts de ruissellement opérés dans la période interglaciaire.

C'est la seconde invasion glaciaire qui conduisit le plus
loin les glaciers. La dernière invasion fut beaucoup plus
petite. L'espace de temps qui s'écoula entre ces deux invasions est ce qu'on nomme *période interglaciaire* lorsqu'on
traite de l'antiquité de l'homme.

Les glaciers quaternaires couvraient toutes les régions
montagneuses : la Scandinavie et l'Ecosse, les Alpes, les
Pyrénées, les Cévennes. Mais notons bien que, si les vallées des régions montagneuses étaient remplies par des
fleuves de glace, les plaines étaient en même temps assez
chaudes pour être le théâtre d'une active végétation.

Dans la région nord, les glaciers descendaient de la
Scandinavie et de l'Ecosse : ils se rencontraient sur le lit
peu profond de la mer du Nord, puis ils étalaient au loin
leurs moraines sur la Russie, l'Allemagne jusqu'en Saxe,
l'Angleterre elle-même. — Dans le centre, les plus grands
glaciers descendaient des Alpes et se dispersaient à tra-

vers les vallées d'alentour : le grand glacier du Rhône allait jusqu'à Lyon.

Les restes des glaciers sont : 1º des *stries* (*fig.* 133) sur les bords des vallées glaciaires, servant à mesurer l'épaisseur de la masse de glace : on voit ainsi que le glacier du Rhône avait 1000 mètres d'épaisseur ; 2º des *masses glaciaires*, qui sont tantôt des *blocs* énormes comme ceux qu'on trouve à Lyon sur la montagne de Fourvières et sur le Jura ; tantôt, des monceaux d'argile empâtant des pierres

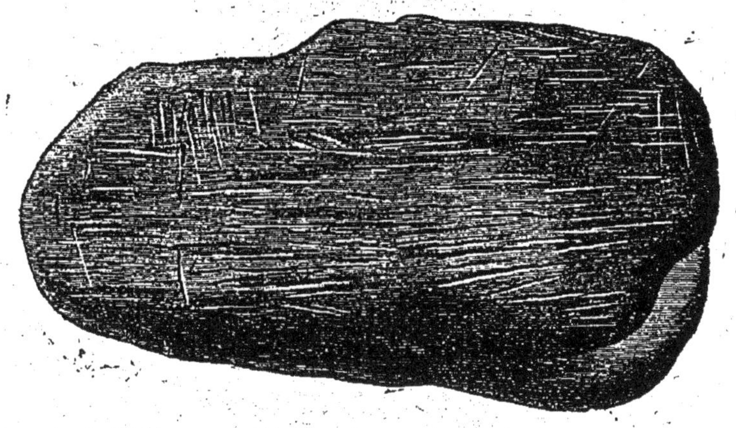

Fig. 133. — *Stries creusées par les glaciers.*

anguleuses óu striées, comme le *boulder-clay*, le *till*, le *drift* décrits par les géologues anglais ; 3º des *boues glaciaires*, légèrement bleuâtres, arrachées par le ruissellement des pluies aux blocs de moraines : certains géologues ont cru que le loess était dû à la diffusion de ces boues glaciaires jaunies ensuite par l'oxydation du fer.

IV. Faune quaternaire. — Les Mammifères sont les éléments les plus intéressants de cette faune : les uns se sont éteints depuis, les autres ont émigré.

Dans l'Europe occidentale, on a jugé bon de distinguer trois âges : 1º l'âge de l'*Éléphant antique*, accompagné du Rhinocéros de Merck et du grand Hippopotame ; 2º l'âge du *Mammouth* (*fig.* 134) ou éléphant primitif, accompagné du Rhinocéros à narines cloisonnées, de l'Ours et de l'Hyène des cavernes ; 3º l'âge du *Renne*, accompagné du Bœuf aurochs. — De ces animaux, le Renne seul vit encore, émigré dans les régions froides de la Laponie. Dernièrement, des restes de Mammouth ont été trouvés dans les glaces de la Sibérie : les chairs, conservées par la glace, ont été dévorées par des chiens.

L'Amérique du Nord avait encore le Mastodonte, avec

Fig. 134. — *Mammouth*.

le Mammouth, des Édentés. De grands Édentés, Mégathérium, Glyptodon (*fig.* 135), habitaient l'Amérique du Su'.

L'Australie n'avait que des Marsupiaux de taille gigantesque.

V. L'apparition de l'Homme. — C'est à l'ère quaternaire qu'il faut rapporter la création de l'homme : les arguments invoqués en faveur d'une plus haute antiquité ne sont pas fondés.

Traces humaines. — On reconnaît les vestiges humains à plusieurs signes. — Ou bien on trouve ses os, par exemple, dans les sépultures antiques, ou dans les grottes où il

fut surpris par des orages et enfoui sous le sable et la
boue : c'est ainsi qu'en certaines cavernes (*fig.* 136), on a

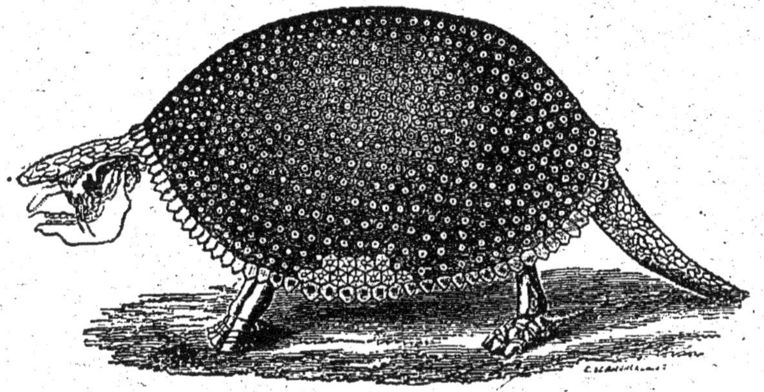

Fig. 135. — *Glyptodon.*

Le Glyptodon est un Mammifère de l'ordre des Édentés : sa carapace est une
sécrétion cutanée, comme celle du Tatou et du Fourmilier. Il ne faut pas confondre
le Glyptodon avec la Tortue, quoique, au premier abord, les carapaces se ressemblent un peu.

trouvé des cadavres entiers. Les traits bien caractéristiques du corps humain sont faciles à reconnaître. Ce n'est
que vers la fin de la période glaciaire qu'on trouve des

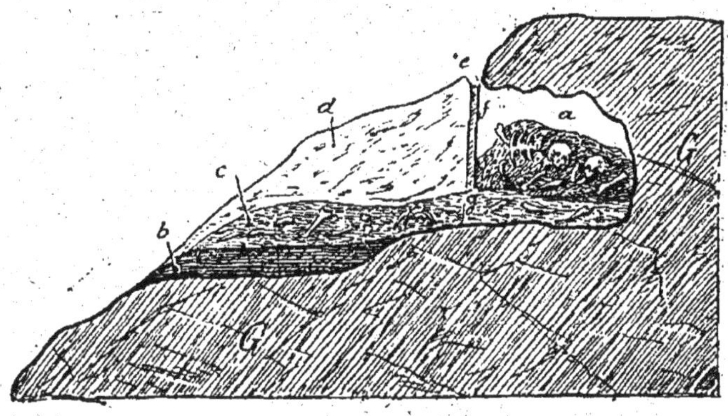

Fig. 136. — *Caverne et dépôt meuble sur les pentes, avec restes humains*

ossements humains. — Ou bien on recueille ses outils, ses
armes, les restes de ses demeures, les traces du feu qu'il
a allumé. Les instruments de pierre sont les plus anciens.

De bonne heure, cependant, l'homme commença à travailler l'os et à y graver des dessins. On a raison de rapporter à l'homme tout objet dont la forme atteste le travail intentionnel d'un être intelligent : autrefois comme aujourd'hui, l'homme seul a connu les arts.

Antiquité de l'homme. — La science est loin d'avoir exploré le monde entier : l'Europe occidentale seule a été l'objet de minutieuses recherches. D'après les documents les plus certains, on est assuré que l'homme a vécu dans nos contrées avant la fin de l'âge glaciaire ; on regarde aussi comme assuré qu'il a vécu en Europe durant la période interglaciaire qui suivit la grande invasion des glaces ; il est très probable qu'avant cette époque l'homme n'habitait pas l'Europe, car on n'en trouve aucun vestige.

Si l'homme habitait l'Europe pendant la période interglaciaire, l'époque de sa création doit remonter plus haut. Suivant toutes les traditions, ce fut en Asie que Dieu créa le premier homme. La famille humaine ne tarda pas à se multiplier : les nécessités de la vie l'obligèrent de se disperser. Mille ans ou deux mille ans suffisent bien pour expliquer la diffusion de l'humanité sur le globe. Donc, si nous savions quel temps s'est écoulé depuis l'interglaciaire, nous saurions approximativement le temps écoulé depuis la création.

La science n'est point en mesure de compter les temps écoulés depuis l'interglaciaire. Les calculs faits à ce sujet n'offrent pas de bases assez solides pour inspirer toute confiance. Cependant deux choses peuvent être regardées comme certaines : 1° que la Bible ne nous donne pas une chronologie proprement dite et par conséquent n'impose aucune date pour la création de l'homme ; 2° que les sciences géologiques n'exigent point tant d'années que l'ont cru certains auteurs : le chiffre de 100 000 ans, par exemple, est absolument fantaisiste.

Âges préhistoriques. — On nomme *âges préhistoriques* les temps qui se sont écoulés avant l'époque où l'histoire prend possession des peuples. Tous les peuples n'ont pas une histoire également ancienne : on appelle peuple *jeune* celui dont l'histoire a peu de siècles (Amérique); peuple *ancien* celui dont l'histoire compte de nombreux siècles (Égypte, Chaldée).

Les temps préhistoriques se divisent, en Occident, d'après les instruments dont l'homme s'est servi. On distingue ainsi l'âge de la pierre et l'âge des métaux.

L'*âge de la pierre* se subdivise à son tour. L'âge de la *pierre taillée* appartient à la période glaciaire : les groupes qu'on y distingue

Fig. 137. — *Hache chelléenne, instrument humain le plus ancien.*

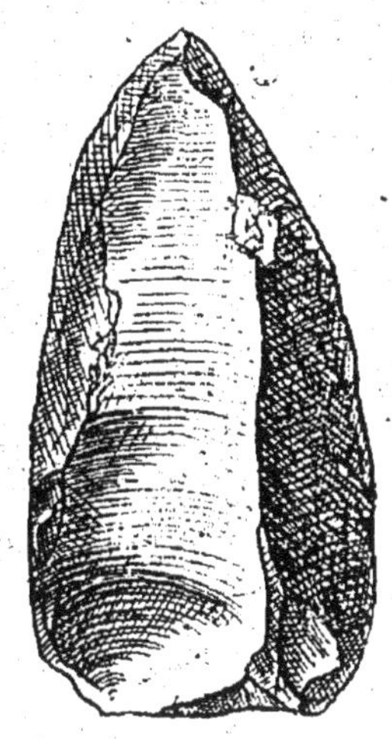

Fig. 138. — *Hache moustiérienne, vue du côté retouché.*

chelléen (fig. 137), *moustiérien* (fig. 138 et 139), *solutréen* (fig. 140), *magdalénien*, servent à classer des instruments plutôt qu'à caractériser des époques.

L'âge de la *pierre polie* (fig. 141) commence avec les temps modernes.

L'*âge des métaux* se subdivise en deux : l'âge du *bronze* et l'âge du *fer*. L'histoire de l'Europe occidentale se déroule dans les âges du bronze et du fer.

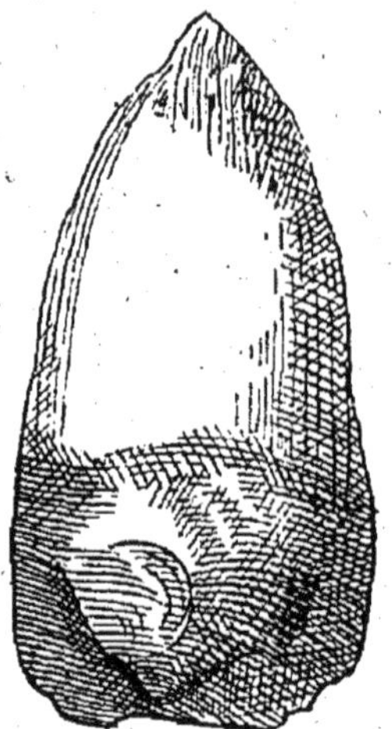

Fig. 139. — *Hache moustiérienne, vue du côté éclaté.*

Fig. 140. — *Instrument solutréen, soigneusement retouché sur les deux faces.*

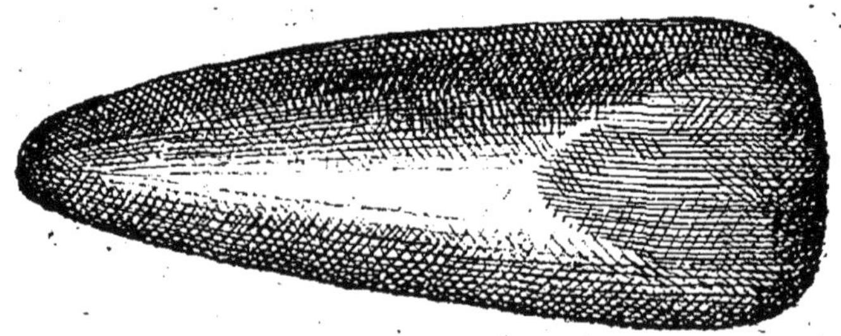

Fig. 141. — *Hache polie, aiguisée en biseau au bout le plus large.*

ART. 5. — L'HISTOIRE BIBLIQUE DE LA CRÉATION

I. Problème posé : s'il y a contradiction entre le récit biblique et le récit scientifique de la création. — II. Solution du problème : la contradiction n'existe pas, parce que la science complète seulement la Bible.

I. Problème posé. — Tout ce qui précède constitue l'histoire scientifique de la Terre. Elle se résume en peu de mots : la Terre s'est formée lentement, à travers des milliers de siècles, par l'action des forces physiques et conformément aux lois générales de la nature. — Par ailleurs, la Bible nous apprend que Dieu est l'auteur du monde ; elle nous dit qu'il l'a créé en six jours ; elle assigne à chaque jour une œuvre particulière. En lisant ce texte, beaucoup d'auteurs et d'écrivains ont pensé que six jours seulement s'étaient écoulés entre la création du monde et l'apparition de l'homme.

Le problème à résoudre est de faire disparaître la contradiction qui semble exister entre le récit scientifique et le récit biblique. Si le récit *scientifique* est vrai, comment le récit *biblique* n'est-il pas faux ?

II. Solution du problème. — Pour résoudre le problème, il faut bien établir la différence qu'il y a entre la parole scientifique et la parole biblique. La *science* fait l'histoire de l'action des forces naturelles dans le monde ; elle ne fait pas l'histoire de l'action de Dieu. Cependant, pour être complète, elle doit avouer qu'elle ne va pas au bout de toutes choses ; elle doit dire qu'un Dieu infiniment parfait dut donner au monde le premier mouvement et les lois de son mouvement. La *Bible* fait l'histoire de l'action de la force divine dans le monde ; elle ne fait pas l'histoire de l'action des forces naturelles, laissant ce point « aux discussions des hommes ». Par conséquent, il ne faut pas chercher dans la Bible un abrégé de Géologie, mais seulement une révélation très précise du Dieu unique, principe bon, Créateur de toutes choses.

Ce principe posé, nous trouvons facile d'admettre la conciliation suivante.

Dès l'antiquité, avant qu'il fût en état de faire l'histoire scientifique du monde, l'homme eut besoin de savoir comment toutes choses avaient commencé et comment lui-même était venu à l'existence. Dieu vint à son aide et le lui révéla. Il lui révéla qu'Il avait créé tout l'univers, et qu'Il en avait lui-même ordonné toutes les parties : Il lui enseigna ainsi qu'il n'existe qu'un Dieu, à qui il faut rendre tout honneur, et qu'aucune chose de ce monde n'a été créée mauvaise.

C'est cet enseignement que la Bible contient. Le travail divin est réparti en six tableaux : chaque tableau est attribué à un jour de la semaine. La raison de cette division doit être cherchée dans l'intention de rendre plus saisissante l'institution de la semaine : à l'exemple de Dieu, l'homme travaillera six jours et se reposera le septième. Évidemment, Dieu n'a ni travail ni repos, puisque rien ne change en lui : ce sont des façons humaines de considérer l'œuvre de Dieu.

Ce que la Bible ne dit pas, c'est la façon dont Dieu s'y prit pour opérer toutes choses. Il avait deux moyens : ou bien créer tout à la fois par de grands coups d'éclat, ou bien procéder par l'action lente de causes et de lois physiques ordonnées par Lui. Ce dernier moyen était assurément le plus grandiose et le plus digne de Dieu. Mais la Bible se tait sur le choix du moyen qu'il plut à Dieu de prendre : le labeur de la science humaine consiste précisément à découvrir les lois suivant lesquelles Dieu a fait ses œuvres.

Eh bien, la science nous dit que les choses de ce monde se sont faites lentement, avec ordre, à travers de longs siècles, par l'action des forces physiques, etc.....

Ainsi la science complète l'histoire que la Bible avait commencée, et ne la contredit pas. Il est souhaitable que les esprits ne se troublent plus pour cette question.

CHAPITRE IV

FORMATIONS D'ORIGINE ÉRUPTIVE

I. Formation des montagnes : idée générale du phénomène; âge des montagnes; âge des principales montagnes; effets principaux des phénomènes orogéniques. — II. Éruptions volcaniques; série ancienne; série moderne. — III. Filons : définition, âge des filons. — IV. Métamorphisme : chaleur, émanations, plissement.

Pendant que se formaient les terrains sédimentaires sous l'action des agents externes, l'activité interne travaillait aussi de son côté. Elle produisit quatre effets principaux : le *soulèvement des montagnes, les éruptions volcaniques,* l'*injection des filons,* et la transformation des roches sédimentaires par *métamorphisme.*

I. Formation des montagnes. — *Idée générale du phénomène.* Chacun sait que, lorsqu'un habit est trop ample pour celui qui le porte, il se plisse : un *rempli* se forme par juxtaposition de deux rides, dont l'une est saillante et l'autre rentrante. — De même, si l'enveloppe terrestre est devenue trop ample pour le noyau qu'elle recouvre, elle a dû se plisser. C'est ce qui a eu lieu, et c'est ce qui a soulevé les chaînes de montagnes.

Le noyau fluide de la terre a dû perdre son volume de deux côtés à la fois : il perdait ce qu'il rejetait par la bouche des volcans; il diminuait aussi de volume par l'effet du rétrécissement qu'opère toujours le refroidissement.

L'écorce terrestre n'est ni tout à fait souple ni tout à fait rigide. Parce qu'elle n'est pas très souple, elle ne peut se plisser à tout instant, elle ne se ride que par intervalles, lorsque la pression est devenue assez forte pour la faire céder. Parce qu'elle n'est pas tout à fait rigide, elle ne reste pas élevée comme une voûte immobile et solide au-dessus du noyau; elle s'affaisse en se plissant pour s'appliquer dessus.

Le terme de *soulèvement* est donc impropre pour expliquer la formation des montagnes. En effet, les montagnes résultent d'un *affaissement* de l'écorce sur le noyau. Mais, dans cet affaissement, la partie saillante ou sommet se trouve de fait élevé au-dessus du niveau primitif; la partie rentrante ou vallée se trouve beaucoup au-dessous du

Fig. 142. — *Aspect du Jura : les ondulations résultent du plissement.*

niveau primitif : en définitive, c'est l'affaissement qui l'emporte.

Cette idée générale du phénomène orogénique explique très bien : 1° pourquoi les montagnes sont disposées par chaînes, et par chaînes souvent parallèles : ce sont en effet des plis faits dans le même sens, et déchiquetés depuis en pics souvent isolés par l'érosion des eaux pluviales ; 2° pourquoi les montagnes les plus anciennes sont beaucoup plus petites que les montagnes modernes ; ainsi les coteaux bretons ne sont pas comparables à l'Himalaya : c'est que l'écorce était moins rigide au commencement qu'à la fin, et l'on sait que les plis d'une étoffe raide sont toujours plus grands que les plis d'une étoffe souple ; 3° pourquoi, dans un système montagneux, les chaînes vont en croissant quant à la hauteur : c'est que le dernier pli formé a toujours exigé un effort plus grand que le premier, car les plis commençaient nécessairement aux lignes de moindre résistance.

Quand un sol montagneux, comme celui du Jura (*fig.* 142), est vu en coupe verticale, on constate aisément que les couches sédimentaires, qui étaient d'abord horizontales, ont subi un plissement. Après que les pluies et les eaux courantes ont nivelé certaines portions d'un sol plissé, on voit des roches de même niveau primitif affleurer en plusieurs points : quelques-unes ont pris une direction très oblique (*fig.* 143); parfois même des renversements ont eu lieu par suite de l'empiètement d'un pli sur la vallée voisine.

Age des montagnes. — On ne peut pas déterminer l'âge absolu d'une montagne, c'est-à-dire compter les années écoulées depuis sa formation. Mais on peut d'ordinaire déterminer son âge *relatif*, c'est-à-dire l'époque géologique où elle s'est formée. Voici la règle générale qu'on suit pour l'apprécier : *Une montagne est postérieure au terrain sédimentaire qu'elle a incliné en se soulevant ; une montagne est antérieure aux dépôts sédimentaires qui affleurent horizontalement sur sa pente.* Cependant cette règle ne suffit pas toujours.

Age des principales montagnes. — Les plissements du sol se sont principalement effectués durant l'ère primaire et durant l'ère tertiaire : l'ère secondaire fut une époque de repos relatif, du moins en Europe.

On rapporte au *cambrien* les plissements de la Vendée ;

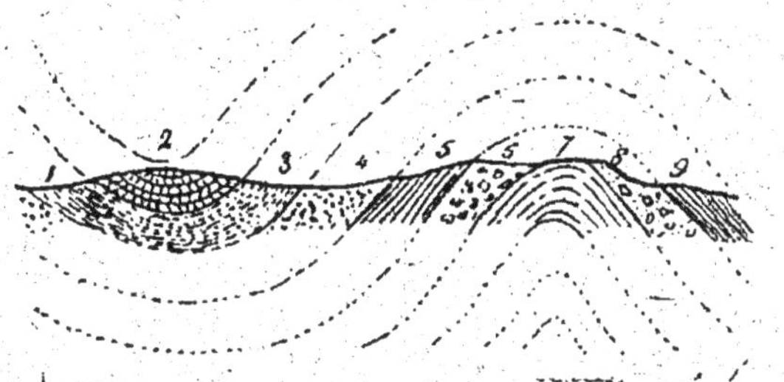

Fig. 143. — *Travail des eaux sur les terrains plissés.*

Les lignes pointillées indiquent les ondulations imprimées par le plissement aux couches sédimentaires. Les pluies ont nivelé le sol : alors on voit parfois un même terrain affleurer plusieurs fois.

au *silurien* ceux du Finistère, du Morbihan et de l'Ardenne ; au *dévonien* et au *carboniférien* ceux des Vosges, du Forez, du Rhin, du Hainaut ; au *triasique* ceux des bassins houillers du Plateau central ; à l'*éocène* et à l'*oli-*

gocène ceux des Apennins et des Pyrénées ; au *miocène* ceux du Jura, des Alpes, des Carpathes, de l'Himalaya, des Cordillères.

Effets principaux des poussées orogéniques. — Les poussées de l'écorce terrestre n'ont pas seulement produit des plissements réguliers. — Il y a eu *plissement* lorsque le

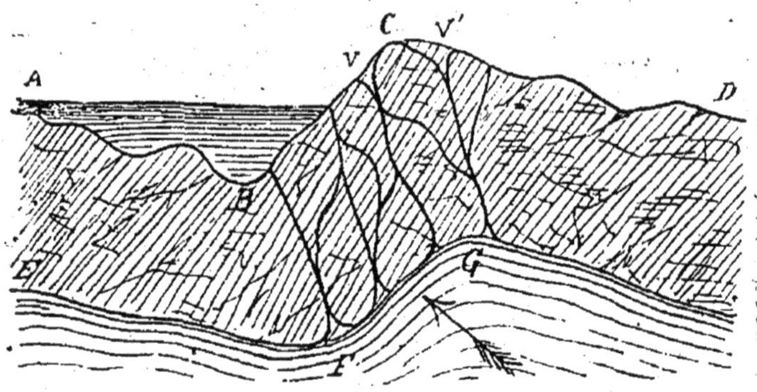

Fig. 144. — *Fentes de l'écorce terrestre résultant du plissement.*

A, niveau de la mer. — B, vallée profonde, au pied de la plus haute crête. — C, sommet montagneux. — D, petites ondulations. — E, niveau du noyau central. — F, affaissement de l'écorce. — G, intérieur du pli montagneux. — V, V' fentes devant favoriser le passage des fluides et des vapeurs.

sol avait une certaine plasticité. — Mais lorsque les massifs ont été trop rigides pour se plisser, ils se sont *rompus* en fragments : c'est ce qui est arrivé au Plateau central, dont les brisures ont produit de nombreuses fentes qui ont formé les volcans de l'Auvergne, du Velay et du Vivarais. D'autres fois, il s'est formé de hauts *plateaux* à travers lesquels les eaux courantes ont creusé des gorges profondes, comme le Colorado en offre des exemples. — Enfin ces *dômes* ainsi formés se sont parfois rompus comme des voûtes dont la clé vient à céder : c'est ainsi que la vallée du Rhin est due à l'effondrement d'une voûte qui unissait les Vosges à la forêt Noire : c'est ainsi, de même, que s'est creusée la vallée du Jourdain, où la mer Morte occupe un niveau si inférieur au niveau normal des mers. — Enfin des fentes, des failles se sont produites, qui ont préparé l'établissement des volcans et des filons (*fig.* 144). Aux

failles ou brisures, il se produit généralement des affaissements de couches, qui détruisent la continuité d'un même
dépôt (*fig.* 145).

II. Éruptions volcaniques. — Les *volcans* n'ont pas
cessé de mettre en communication le noyau central avec la

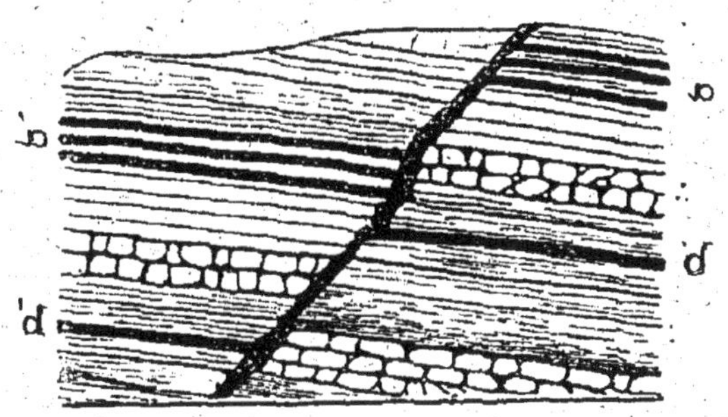

Fig. 145. — *Une faille dans un terrain houiller.*
On voit le déplacement des couches de même horizon.

surface de la Terre. Mais il est facile de comprendre que
les injections de laves se sont faites principalement aux
ères primaire et tertiaire, quand les phénomènes orogéniques disloquaient l'écorce terrestre. C'est pour cela qu'on
distingue la *série ancienne* et la *série moderne*.

La *série ancienne* des roches éruptives comprend les
roches volcaniques de l'ère primaire et du trias. Ces roches
sont acides, légères, franchement cristallines : elles venaient d'une profondeur moindre que les roches de la série
moderne et devaient être moins denses. — Cette série
comprend : le *granite* proprement dite, le *porphyre*, la
syénite, la diorite, l'eurite, le trapp, le mélaphyre, la
serpentine...

La *série moderne* comprend les roches volcaniques de
l'ère tertiaire et de l'ère quaternaire. Ces roches sont
basiques, lourdes, peu cristallisées : elles venaient d'une
plus grande profondeur que les précédentes, et par conséquent se formaient aux dépens d'une pâte plus dense. —
Cette série comprend des laves celluleuses, mais surtout
du *basalte* et du *trachyte :* le *basalte* est fréquemment di-

visé en piliers à plusiers pans, par suite du retrait produit par le refroidissement ; le *trachyte* présente des cristaux au milieu d'une pâte amorphe.

III. Filons. — *Définition.* — On nomme *filons* les dépôts métalliques qu'on trouve dans les fentes de l'écorce terrestre (*fig.* 146). Il est aisé de comprendre que, dans les terrains disloqués, à la suite ou indépendamment des éruptions volcaniques, des vapeurs émanées du noyau central apportaient des éléments minéraux.

Tantôt les métaux s'y trouvent à l'*état natif,* comme l'or, l'argent, le cuivre parfois. Tantôt les métaux s'y trouvent à l'état de *minerais,* c'est-à-dire combinés avec d'autres corps simples. Parmi ces derniers, les uns sont combinés avec l'oxygène (oxydes, carbonates, silicates...); les autres sont combinés avec le soufre, le chlore, etc... (sulfures, chlorures, etc.). En général, les minerais oxygénés proviennent de l'action de l'air et de l'eau sur les minerais non oxygénés.

Age des filons. — Un filon est toujours postérieur à la fente qu'il remplit. Le remplissage ne suit pas toujours immédiatement la formation de la fente. Le remplissage est

Fig. 146. — *Fentes terrestres ou s'injectent les filons.*

antérieur à la formation d'une faille qui aurait brisé et déplacé la fente déjà remplie.

IV. Métamorphisme. — On nomme *métamorphisme,* la transformation que subissent les roches sédimentaires sous l'influence des actions internes. L'activité interne peut s'exercer sur les sédiments de trois façons : par la *chaleur*, par les *émanations*, par le *plissement* et la pression.

La *chaleur* est produite par les laves brûlantes qu'épanchent les volcans. Mais on sait que les laves conduisent mal la chaleur : aussi cette action ne s'étend-elle qu'à une distance de quelques centimètres. Les grès se fendent, les calcaires durcissent, les argiles sont cuites comme au four et transformées en porcelanites.

Les *émanations* peuvent provenir soit des vapeurs émises par les centres, soit des injections de granite et de porphyre ; car ces roches étaient d'abord dissoutes, et ce sont leurs dissolvants qui se sont répandus dans les roches voisines. Vapeurs ou dissolvants, ces émanations chimiques peuvent imprégner les sédiments jusqu'à 700 ou 800 mètres de distance : elles y forment alors des cristaux qui résultent de la combinaison opérée entre les émanations et les éléments des roches.

Le *plissement* orogénique ne se fait pas sans produire une forte compression accompagnée d'une chaleur intense. — Sous cette forte compression, les argiles se dessèchent, deviennent feuilletées et forment des *schistes ardoisiers*. Les schistes à combustible sont formés aux dépens d'argiles bitumineuses ou imprégnées d'éléments végétaux. — La compression et la chaleur ensemble ont amené la formation des *marbres* : les calcaires sédimentaires ont subi une sorte de dissolution momentanée qui a permis leur cristallisation ; les émanations minérales, toujours abondantes à travers les terrains disloqués, ont fourni les éléments qui *veinent* la plupart des marbres.

TABLEAU DES PÉRIODES GÉOLOGIQUES (D'APRÈS M. DE LAPPARENT)

ÈRES	PÉRIODES	ORGANISMES CARACTÉRISTIQUES			DISLOCATIONS
		VERTÉBRÉS	INVERTÉBRÉS	VÉGÉTAUX	
	Primitive ou archéenne.				Première ébauche des continents. Plis huroniens.
Primaire	Cambrienne.				Massif calédonien et Ardennes.
	Silurienne.	Poissons.	Trilobites.	Cryptogames vasculaires et Gymnospermes.	Hainaut. Plis herciniens.
	Dévonienne.				
	Carboniférienne.	Labyrinthodontes.	Prem. céphalopodes ammonitidés.		Failles du Morvan.
	Permienne.				
Secondaire ...	Triasique.				Invasion marine du bassin parisien
	Juras-sique. { Liasique.	Grands sauriens.	Ammonites. Bélemnites. Brachiopodes.	Gymnospermes. Premières Angiospermes.	Emersion progressive du bassin parisien.
	Juras-sique. { Oolithique.				
	Infracrétacique.	Dinosauriens.	Rudistes. Céphalopodes déroulés.		Nouv. immersion du bassin paris.
	Crétacique.	Oiseaux reptiliens.			
Tertiaire	Eocène.				Mer nummulitique. Pyrénées.
	Oligocène.	Mammifères.	Mollusques. Gastéropodes et lamellibranches.	Palmiers dans le bassin parisien. Angiospermes.	Grands lacs.
	Miocène.				Mer mollassique. Alpes.
	Pliocène.				Apparition des hivers.
Quaternaire ...	Glaciaire, ou pléistocène.	Extinction des grands proboscidiens. L'*Homme*.		Flore actuelle.	Glaciers.
	Actuelle.				Adoucissement de la température.

MINÉRALOGIE[1]

CHAPITRE PREMIER

NOTIONS PRÉLIMINAIRES

Définition de la Minéralogie. — Caractères des minéraux. — Formes
extérieures : état amorphe, état cristallisé. — Propriétés physiques des
minéraux. — Propriétés chimiques. — Classification.

Définition de la Minéralogie. — La *Minéralogie* est la
branche de l'histoire naturelle qui s'occupe des corps inorganiques ou minéraux, pour en décrire la composition, la
forme et les propriétés. Tandis que la Géologie s'occupe
de l'histoire et du mode de formation des corps inorganiques, la Minéralogie ne recherche que leur nature.

Caractères des minéraux. — Les minéraux se distinguent des êtres vivants par plusieurs caractères : 1° Ils ne
naissent pas, mais ils se forment et s'accroissent par une
simple juxtaposition de particules matérielles ; 2° Une
quantité déterminée de matière n'est pas nécessaire à leur
existence : aussi loin qu'on pousse la division de leur
masse, ils gardent leur nature ; 3° Ils peuvent durer indéfiniment, tant qu'une cause extérieure ne vient pas décomposer leurs molécules ; 4° Ils conservent leur être par la
stabilité de leurs éléments, et non par un échange constant de particules comme les êtres vivants.

Formes extérieures. — Les minéraux sont à l'état
amorphe ou à l'état cristallisé.

L'état amorphe est celui où les particules constituantes
sont juxtaposées sans ordre apparent, sans dessiner des
lignes et des surfaces géométriques : par exemple, la terre
végétale, la pierre de craie, le grès, l'argile, le verre...

1. Nous ne pouvons donner ici que des notions très sommaires. Aussi
nous bornons-nous à signaler les minéraux et les pierres qu'il est plus
important de connaître, tant au point de vue géologique qu'au point de vue
industriel.

L'état **cristallisé** est celui où les particules constituantes sont distribuées avec ordre, dessinant des lignes et des surfaces géométriques régulières : par exemple, le cristal de roche, le spath d'Islande, le diamant, etc.....

La régularité de structure des *cristaux* se manifeste : par des *facettes planes*, comme il est aisé de les voir dans le spath ; par le *clivage*, c'est-à-dire par la propriété qu'ont les cristaux de se diviser suivant des surfaces planes ; par des *propriétés optiques*, c'est-à-dire par l'action qu'ils exercent sur les rayons lumineux qui les traversent.

La *cristallographie*, créée par l'abbé Haüy à la fin du dix-huitième siècle, est la partie de la Minéralogie qui s'occupe des différentes formes de cristaux. Elle a une grande importance pour la classification des minéraux : les minéraux, en effet, ne sont pas seulement caractérisés par leur composition chimique, mais encore par leur forme cristalline.

Haüy ramena les *formes cristallines* à six systèmes fondamentaux. Les formes typiques sont : le *cube*, le *rhomboèdre*, le *prisme droit à base carrée*, le *prisme droit à base rectangle*, le *prisme oblique à base rectangle*, le *prisme oblique à base de parallélogramme obliquangle*. — De ces types fondamentaux dérivent une multitude de types secondaires qui servent à caractériser les minéraux.

Propriétés physiques des minéraux. — La *densité* ou poids de l'unité de volume est très variable, non seulement pour des corps différents, mais encore pour un même minéral : ainsi, le calcaire à l'état d'*aragonite* est plus lourd qu'à l'état de *calcite*.

La *dureté*, ou résistance qu'offre un corps à se laisser entamer, a divers degrés. Ces degrés se déterminent par des minéraux connus : 1, *talc ;* 2, *gypse ;* 3, *calcite ;* 4, *fluorine ;* 5, *apatite ;* 6, *orthose ;* 7, *quartz ;* 8, *topaze* ou *émeraude ;* 9, *corindon ;* 10, *diamant.* Dans cette liste, chaque corps raie celui qui le précède. Le talc et le gypse se raient à l'ongle ; la calcite, la fluorine et l'apatite sont rayées par une pointe d'acier ; l'orthose n'est pas rayé par l'acier et raie un peu le verre ; le quartz raie nettement le verre.

La *fusibilité*, ou propriété qu'ont les corps de passer à l'état liquide dans la flamme de la lampe à alcool, n'existe presque pas ; la *solubilité* et la *volatilité* sont aussi très rares.

La *couleur* des minéraux peut leur être propre, ou bien n'être qu'accidentelle, ou superficielle. Elle est *propre* dans le jaune de l'*or*, dans le vert du *péridot*. Elle est *acciden-telle*, c'est-à-dire due à une substance étrangère, dans le violet de l'*améthyste*, dans le bleu du *saphir*, dans le rouge du *rubis*. Elle est *superficielle*, c'est-à-dire produite par un enduit ou par une altération de la surface, comme la patine blanche du *silex*.

Propriétés chimiques des minéraux. — Les corps *simples* qu'étudie la Chimie ne se trouvent presque jamais à l'état *natif :* le *soufre* et l'*or* font cependant exception. Ils se rencontrent à l'état de combinaisons : les métaux sont *minéralisés* par les métalloïdes. Ainsi les minéraux que nous présente la nature sont généralement des corps com-posés.

La composition chimique des minéraux donne la base principale de leur classification.

Pour connaître cette composition, on fait l'*essai* des minéraux. On distingue l'essai par voie humide et l'essai par voie sèche.

L'essai par *voie humide* consiste à soumettre les miné-raux à l'action des acides. Les deux principaux acides em-ployés à cette fin sont l'acide chlorhydrique et l'acide sul-furique, étendus d'eau ou concentrés, à chaud ou à froid. Les dégagements qui se produisent alors sont caractéris-tiques des minéraux.

L'essai par *voie sèche* consiste à soumettre les minéraux à l'action de la flamme du chalumeau. On observe leur fusi-bilité ou la coloration qu'ils communiquent à la flamme.

Classification des minéraux. — Nous parlerons d'abord des **minéraux** proprement dits, puis des **pierres** qu'ils constituent.

Les **minéraux** proprement dits se rangent en quatre catégories : 1° les minéraux des *roches ignées*, qui entrent dans la constitution des roches massives ou éruptives ;

2° les minéraux *pierreux*, qui entrent dans la constitution des roches sédimentaires ; 3° les *minerais* d'où on tire les métaux usuels ; 4° les *combustibles* minéraux.

Les *pierres* se rangent en trois groupes : 1° les roches *massives* ou éruptives ; 2° les roches *sédimentaires* ; 3° les roches *métamorphisées*, c'est-à-dire modifiées par la chaleur, la pression ou les émanations gazeuses.

CHAPITRE II

LES MINÉRAUX PROPREMENT DITS

Article Ier. Les minéraux des roches ignées. — I. Minéraux des roches acides. — 1° Éléments essentiels : silice (quartz, calcédoine, silex, opale) ; feldspaths (orthose, albite, anorthite, labrador) ; phyllites (micas, chlorites). — 2° Éléments accessoires : tourmaline, topaze, émeraude, zircon. — II. Minéraux des roches basiques. — 1° Éléments essentiels : pyroxène, amphibole, péridot. — 2° Éléments accessoires : épidote, wollastonite, zéolithes. — III. Silicates de métamorphisme. — 1° Silicates d'alumine : andalousite, disthène, staurotide, argile. — 2° Silicates non exclusivement alumineux : grenat, wernérite, serpentine.

Art. II. Les minéraux pierreux. — I. Famille de l'alumine : corindon, spinelle. — II. Famille des argiles. — III. Famille des carbonates : aragonite, calcite, dolomie, sidérose. — IV. Famille des sulfates : barytine, célestine, gypse, alunite. — V. Famille des phosphates : apatite, turquoise. — VI. Famille des nitrates : salpêtre. — VII. Famille des borates : borax. — VIII. Famille des sels haloïdes : sel gemme, fluorine.

Art. III. Les minerais. — I. Les minéralisateurs : soufre, arsenic, antimoine, chrome, manganèse. — II. Les minerais métalliques. — 1° Le fer : fer natif, magnétite, oligiste, limonite, sidérose, pyrite. — 2° Le nickel : millérite, nickeline. — 3° Le zinc : blende, calamine. — 4° L'étain : cassitérite. — 5° Le plomb : galène, céruse, massicot, minium. — 6° Le bismuth. — 7° Le cuivre : chalcopyrite, malachite, azurite, cuprite. — 8° Le mercure : cinabre. — 9° L'argent. — 10° L'or.

Art. IV. Combustibles minéraux. — I. D'origine interne : diamant, graphite, bitume, pétrole. — II. D'origine végétale : anthracite, houille, lignite, tourbe.

ART. 1er. — LES MINÉRAUX DES ROCHES IGNÉES

Parmi les roches ignées, nous distinguerons : 1° les roches *acides*, où la silice domine; 2° les roches *basiques*, où la silice est en moindre quantité, tandis que les bases y tiennent plus de place; 3° les roches *métamorphiques*, qui ont été modifiées après leur consolidation, et dans lesquelles divers minéraux ont été injectés.

I. Minéraux des roches acides. — Parmi les éléments *essentiels*, nous citerons la silice, les feldspaths et les phyllites ou micas. Parmi les éléments *accessoires*, nous citerons la tourmaline, la topaze, l'émeraude, le zircon.

1° Éléments essentiels. — Silice. — La *silice* (SiO^2) est un acide composé d'oxygène et de silicium. C'est un corps à la fois très léger et très réfractaire : aussi la silice est-elle très abondante dans les terrains formés par la solidification de l'écorce terrestre. Tantôt elle est dépourvue d'eau, et elle présente alors les formes de quartz, de calcédoine ou de silex ; tantôt elle est hydratée et forme l'opale.

Le **quartz** (*fig.* 147) est de la silice pure cristallisée. Les

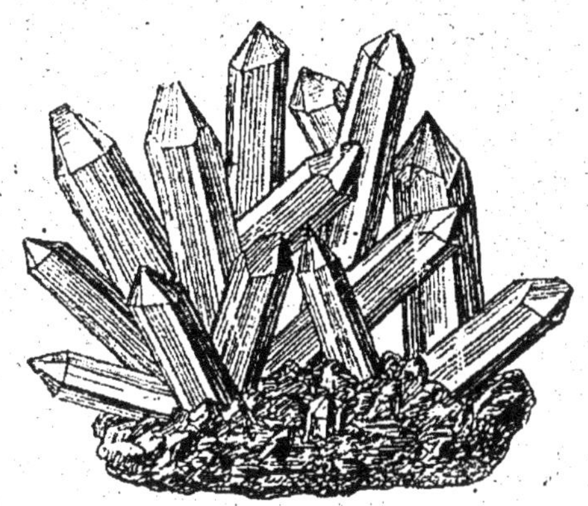

Fig. 147. — *Cristaux de quartz.*

cristaux de quartz ont la forme de prismes hexagonaux terminés par des pyramides à six faces. Le quartz n'est point entamé par la pointe d'acier : il raie l'acier et le verre. — Le *cristal de roche* est le quartz le plus commun : il est tantôt *hyalin*, ou transparent comme le verre ; tantôt *enfumé*, ou coloré en noir ; tantôt *chloriteux*, ou coloré en vert ; tantôt *ferrugineux*, ou coloré en rouge par un oxyde de fer. — L'*améthyste* est un quartz violet, très recherché dans la joaillerie. — L'*œil de chat*, à teinte brune très prononcée, a des reflets qui rappellent ceux de l'œil de chat : ces reflets sont dus à des fibres d'amiante qui pénètrent la masse du quartz.

La **calcédoine** est un mélange de quartz et de silice non

cristallisée : elle n'est jamais limpide comme le cristal de roche ; néanmoins, elle est parfois un peu translucide. Elle présente des variétés de prix, souvent travaillées comme joyaux : la *cornaline* est une calcédoine rouge ; la *sardoine*, une calcédoine brune ; le *jaspe sanguin* offre des taches rouge-sang dans une pâte verte ; l'*agate* est une calcédoine divisée en couches concentriques de colorations diverses, et elle porte le nom d'*onyx* lorsque les couches colorées sont régulières, assez épaisses et bien nuancées. La calcédoine *guttulaire* a l'aspect sale de gouttes de suif sur certaines roches du Plateau central.

Le **silex** est formé de silice non cristallisée : il est gris, brun, jaune ou noir. Ses variétés sont nombreuses : le *silex pyromaque*, presque noir, donne des étincelles lorsqu'il est frappé par l'acier ; le *silex meulière*, remarquable par ses nombreuses vacuoles, donne une excellente pierre à bâtir ; les *jaspes* sont des silex impurs très mêlés d'argile : le jaspe noir sert de pierre de touche dans la joaillerie pour faire l'essai des bijoux en or.

L'**opale** comprend toutes les variétés où la silice est combinée avec de l'eau : on l'appelle aussi *silice gélatineuse*, à cause de l'aspect laiteux que l'eau lui communique. Outre son éclat gras, elle se distingue par la propriété qu'elle a de devenir blanche et pulvérulente sous l'action du feu. — Certaines opales présentent de remarquables jeux de lumière, comme l'*opale noble* et l'*opale de feu,* du Mexique ; les autres, colorées ou non, manquent de reflets, comme la *résinite*, la *ménilite*, la *geysérite*, le *silex nectique*, le *tripoli.*

Feldspaths. — Les feldspaths (*fig.* 148) sont des roches composées de *silice*, d'*alumine* et d'une autre base, comme la potasse, la soude ou la chaux : par exemple, le feldspath orthose est un silicate d'alumine et de potasse. Les feldspaths ne sont point entamés par la pointe d'acier : ils raient l'acier et un peu le verre. Ils entrent pour une large part dans la constitution des roches ignées : granits, gneiss, porphyres. Sous l'action de l'atmosphère, qui contient de l'acide carbonique, ils se décomposent lentement :

il en résulte de l'argile, de la silice libre et des carbonates de potasse, de soude ou de chaux. C'est précisément cette altération des feldspaths qui prépare la désagrégation des roches granitiques.

Les différents genres de feldspaths se distinguent par la distribution des bases de potasse, de soude et de chaux. Les mieux caractérisés sont l'orthose, l'albite et l'anorthite. — L'orthose ($K^2Al^2Si^6O^{16}$) est un feldspath à base

Fig. 148. — *Cristaux assemblés de quartz, de feldspath et de mica.*

de potasse. Il présente divers aspects suivant les variétés : l'*adulaire* est limpide et nacré ; l'*amazonite* ou pierre des amazones est verte ; la *pierre de soleil* est aventurinée, grâce à de petites lamelles de fer oligiste intercalées dans sa masse. — L'albite ($Na^2Al^2Si^6O^{16}$), de couleur ordinairement blanche, est un feldspath à base de soude : les trachytes en sont presque exclusivement formés. — L'anorthite ($CaAl^2Si^2O^8$) est un feldspath à base de chaux : c'est le plus lourd des feldspaths, celui qui fournit les calcaires en se décomposant. Le **labrador** est une roche qui tient le milieu entre l'albite et l'anorthite, puisque c'est un feldspath de soude et de chaux tout à la fois : il est très développé sur la côte du Labrador ; il entre dans la composition des roches volcaniques, surtout des basaltes.

Aux feldspaths se rattachent certains minéraux qui jouent un rôle important dans les roches volcaniques modernes : la *leucine* ou *amphigène*, très abondante dans les laves du Vésuve, est un silicate d'alumine et de potasse ; la *néphéline* est un silicate d'alumine, de potasse et de soude ; la *lazulite*, appelée aussi *outremer*, *pierre d'azur*, *lapis lazuli*, est un silicate très complexe, où dominent cependant l'alumine et la soude. La pierre d'azur, d'une belle couleur bleue, susceptible d'un beau poli, agrémentée par des veines d'un jaune doré, est très recherchée pour les incrustations. Les anciens peintres la broyaient pour composer le bleu d'outremer. Les principaux gisements de lazulite sont en Sibérie, au Thibet et en Chine.

Phyllites. — Sous le nom de *phyllites*, on comprend les roches qui se divisent en fines lamelles, et qui sont aussi des silicates d'alumine où entrent souvent du fluor, du fer, de la magnésie. Le couteau les entame aisément et l'ongle peut les rayer. Au premier abord, on est tenté de les confondre avec le gypse qui se divise aussi en fines lamelles : mais le gypse est cassant, tandis que les phyllites ne le sont pas. On distingue deux sortes de phyllites : les *micas*, qui sont élastiques, et les *chlorites*, qui ne le sont pas.

Les **micas** sont des silicates d'alumine et de potasse, avec ou sans magnésie : ils se reconnaissent à leurs lamelles flexibles, divisibles presque à l'infini en feuilles minces. Ils présentent différentes teintes : le brun, le vert, le noir, le blanc d'argent, le jaune d'or. Les principales variétés sont : la *muscovite*, la *séricite*, le *lépidolite*, la *biotite*. — Tantôt le mica est en larges feuilles : les Russes l'emploient pour le vitrage des fenêtres et des lanternes ; en France, on l'emploie pour fermer les poêles et les cheminées, parce qu'il permet de voir par transparence la flamme des foyers. — Tantôt le mica est en petites paillettes brillantes disséminées dans les pierres et dans les sables : ce sont ces paillettes de couleur jaune d'or qu'on emploie, sous le nom de sable d'or, pour sécher l'écriture.

Les **chlorites** sont en feuilles vertes, flexibles, mais non élastiques : ce sont des silicates d'alumine, avec de la magnésie, du fer et de l'eau. On trouve les chlorites en abondance dans les terrains granitiques et schisteux des Alpes et de la Bohême. Onctueux au toucher, ils se laisseraient aisément confondre avec les talcs verts.

2° Éléments accessoires. — Tourmalines. — Sous le nom de *tourmalines*, on distingue des minéraux aussi variés par l'aspect que par la composition. Ce sont des borosilicates d'alumine où interviennent le fer, la magnésie, le manganèse, la potasse et la soude. Il y a des tourmalines brunes ou noires, d'autres sont vertes, d'autres sont roses. Leur dureté est plus grande que celle du quartz. Souvent on les rencontre en baguettes au milieu des roches granitiques. — En optique, les tourmalines vertes sont très recherchées pour l'analyse des rayons lumineux. — En joaillerie, au contraire, elles sont peu estimées.

Topaze. — La *topaze*, connue des bijoutiers sous le nom d'*aigue-marine orientale*, est une combinaison de silice, d'alumine et de fluor [$Al^2Si(O,Fl^2)^5$]. C'est une substance transparente, d'un jaune plus ou moins éclatant, dure comme le rubis. La variété du Brésil, calcinée, prend une teinte rose. — La topaze se trouve le plus souvent parmi les roches granitiques, les gneiss et les micaschistes.

Émeraude. — Le mot d'*émeraude* comprend diverses pierres précieuses composées de silice, d'alumine et de glucine ($Gl^3Al^2Si^6O^{18}$) : la glucine est un oxyde de glucinium, métal très voisin de l'aluminium. L'*émeraude* proprement dite, qui a le plus de valeur, est d'un beau vert pur dû à une petite quantité d'acide chromique. Le *béryl* ou *aigue-marine*, moins estimé, est d'un vert bleu ou jaunâtre dû à une petite quantité d'oxyde de fer. — Les émeraudes se trouvent disséminées dans les roches granitiques, au Pérou en Colombie. En France, dans le Limousin, on trouve des béryls d'un très gros volume.

Zircon. — Le *zircon* ($ZrSiO^4$) se distingue des minéraux qui précèdent parce que l'alumine n'entre pas dans sa composition : c'est un silicate de zircone simplement. Porté à une haute température, il est infusible, et il devient étincelant : cette double propriété a été utilisée pour la préparation des manchons délicats qui donnent à la flamme du gaz tant d'éclat.

II. Minéraux des roches basiques. — Parmi les éléments *essentiels* des roches basiques, nous citerons le pyroxène, l'amphibole et le péridot. — Parmi les éléments accessoires, nous citerons l'épidote, la wollastonite et quelques zéolithes.

1° Éléments essentiels. — Pyroxène. — Les éléments du *pyroxène* sont la silice, le fer, la chaux, la magnésie. On distingue plusieurs espèces : le *diopside* est blanc, vert pâle, ou gris verdâtre ; le *diallage* est jaune ou brun, chatoyant ; l'*augite* est d'un brun très foncé ou très noir : on le nomme *pyroxène des volcans*, parce qu'il est abondamment disséminé dans les roches volcaniques.

Amphibole. — L'*amphibole* se compose des mêmes éléments que le pyroxène, mais la magnésie y domine. C'est une substance qui raie le verre, qui se présente en cristaux tantôt verts, tantôt gris ou noirs. Les variétés blanches ou légèrement verdâtres portent le nom de *trémolite ;* les variétés d'un vert foncé portent le nom d'*astinote ;* enfin on nomme *hornblende* les variétés noires qui se présentent en cristaux réguliers et bien proportionnés dans les laves, les basaltes, les trachytes. C'est parmi les trémolites qu'on range l'*amiante* ou *asbeste,* substance minérale très flexible, tantôt verte et grisâtre, tantôt blanche. Elle est formée de filets longs, soyeux, qui se séparent aisément : elle ressemble à un composé de fibres végétales. Absolument inaltérable au feu, elle peut servir à fabriquer de la toile incombustible. L'amiante se rencontre en Savoie, en Corse, dans le Tyrol, dans l'Oural, etc...

Péridot. — Le *péridot* est une substance minérale formée de silice, de magnésie et de fer. La variété *chrysolite*, souvent utilisée comme pierre précieuse, est en cristaux d'un beau vert jaunâtre. La variété *olivine*, très répandue à l'état de granulations dans les basaltes, rappelle la couleur verte des olives.

2° Éléments accessoires. — Épidote. — L'*épidote* est

une substance composée de silice, d'alumine, de fer et de chaux. Les cristaux d'épidote sont généralement verts : on les trouve en groupe de bâtonnets implantés dans les roches cristallines basiques. L'épidote se rencontre dans le Dauphiné (Oisans), dans le Tyrol, la Norvège, l'Oural.

Wollastonite. — La *wollastonite* est un minéral composé de silice et de chaux. Elle est incolore, blanche ou grise. On ne la trouve pas seulement dans les roches basiques et les laves, mais encore dans les calcaires qui ont subi le métamorphisme.

Zéolithes. — On donne le nom de *zéolithes* à des silicates hydratés, qui rappellent la composition des feldspaths. Les zéolithes se sont formées dans les géodes ou cavités amygdaliques des roches basiques. Leur nom vient de ce qu'elles se gonflent et bouillonnent, quand on les expose à la flamme du chalumeau. Elles sont généralement blanches et en masses fibreuses : la chaleur enlève une partie de leur eau de combinaison ; exposées à l'humidité, elles absorbent une certaine quantité d'eau.

Comme les zéolithes jouent un rôle assez peu important dans les roches, nous ne ferons que citer leurs principales espèces : *mésotype, analcime, thomsonite, christianite, apophyllite, chabasie, stilbite, laumonite, prehnite, harmotome.* La *glauconie*, disséminée en petits grains verts dans certaines roches calcaires du terrain crétacé et de l'éocène parisien, appartient à ce groupe des zéolithes.

III. Silicates de métamorphisme. — On sait que le métamorphisme consiste dans la modification que subissent des roches déjà existantes, lorsqu'elles sont soumises à l'action des influences internes. Les laves, les émanations, la chaleur, la compression, constituent les causes influentes : les modifications peuvent être produites soit dans la roche sédimentaire déjà formée, soit dans les éléments fournis par l'activité interne : alors des substances nouvelles apparaissent. Nous ne parlons ici que des silicates dus à ces phénomènes métamorphiques.

Parmi ces silicates, les uns contiennent surtout de l'alumine : andalousite, disthène, staurotide, argile ; les autres contiennent, outre l'alumine, divers éléments : grenat, wernérite, serpentine.

1° Silicates d'alumine. — Andalousite. — L'*andalousite* est un silicate d'alumine absolument dépourvu d'eau. Elle est infusible ; sa couleur est très variable. Ses cristaux prismatiques, enchâssés dans les quartz, sont ordinairement terreux, friables, à cause de leur transformation partielle en kaolin. — La *mâcle* noire ou chiastolite en est une variété.

Disthène. — Le *disthène* est aussi un silicate d'alumine dépourvu d'eau. Ses cristaux prismatiques forment des masses fibreuses blanches. Son nom lui vient de ce que ses faces ne sont pas également dures. On le trouve surtout empâté dans les schistes cristallins.

Staurotide. — La staurotide est un silicate d'alumine, avec du fer et de la magnésie. Elle se présente en cristaux d'un brun rouge foncé, souvent groupés deux par deux en forme de croix rectangulaire : cette disposition l'a fait appeler *croisette* ou pierre de croix. On la trouve, avec le disthène, dans les schistes cristallins ou argileux.

Argile. — L'*argile* est un silicate d'alumine, comme les corps précédents, mais hydraté ou contenant de l'eau en combinaison. Il y a des argiles qui sont d'origine sédimentaire, comme la *terre glaise*, la *terre de pipe*, la *terre à poteries* et *à faïences*. Il s'agit surtout ici des argiles d'origine métamorphique, dont la plus remarquable est le *kaolin* ou *pierre à porcelaine*. Le kaolin est blanc, infusible, il happe à la langue ; dans l'eau, il devient plastique, et la cuisson ne lui fait subir aucun retrait. Il a sans doute pour origine quelque feldspath décomposé au moment de sa sortie de la terre.

Aux argiles se rattachent les *ocres jaunes* et la *terre à foulon*. L'*ocre jaune* est une argile très ferrugineuse. La *terre à foulon* contient plus d'eau et moins de silice que les argiles plastiques.

2° Silicates non exclusivement alumineux. — Grenat. — Le *grenat* est composé en grande partie de silice et d'alumine ; mais il renferme aussi de la chaux ou du fer, quelquefois du fer et de la chaux ensemble, d'autres fois du fer avec du manganèse. Quelle que soit sa composition, le grenat est toujours cristallisé dans le système cubique, présentant souvent comme forme dominante le dodécaèdre rhomboïdal. — Les variétés de grenat dépendent de la couleur : l'*almandine* a une teinte rouge plus ou moins foncée ; les *grossulaires* sont jaunâtres ou verdâtres ; les *spessartines* et les *mélanites* sont brunes ou noires. Les grenats almandines sont les plus recherchés par les bijoutiers ; le grenat syrien ou oriental est d'un beau rouge feu. — Les grenats se trouvent par petites masses dans les gneiss, les schistes et autres roches anciennes, ainsi que dans les serpentines.

Wernérite. — La *wernérite,* qui doit son nom au célèbre minéralogiste Werner, est un silicate d'alumine toujours uni à une autre base, la chaux, la soude ou la magnésie. Elle se rencontre en masses amorphes ou en critaux prismatiques allongés, dans les mines de fer de la Suède, ainsi que dans les blocs calcaires rejetés de la Somma, au Vésuve. Le plus souvent, elle résulte du contact d'une roche granitique et d'un calcaire. La couleur est très variable.

Serpentine. — Sous le nom de *serpentine,* on comprend tous les silicates hydratés de magnésie, qu'ils aient des formes cristallines déterminées ou qu'ils soient en masses amorphes. Les principales variétés sont : 1° le *talc*, d'un éclat nacré, onctueux au toucher, facile à rayer par l'ongle, jetant un vif éclat dans la flamme du chalumeau ; — 2° la *stéatite*, ou craie de Briançon, espèce de talc compact ou granulaire, d'un vert grisâtre ou d'un blanc laiteux, voisine de la *pagodite*, avec laquelle les Chinois sculptent des figurines ; — 3° la *magnésite,* ou écume de mer, substance compacte, opaque, laissant un trait brillant, happant à la langue ; — 4° la *serpentine* proprement dite, substance tenace, onctueuse, verte dans certaines variétés, sombre dans les autres : avec des veines calcaires, la serpentine forme le marbre vert antique.

ART. 2. — MINÉRAUX PIERREUX

Les minéraux *pierreux* sont ainsi nommés parce qu'ils entrent dans la constitution des roches sédimentaires. On les nomme aussi éléments des *gîtes minéraux*, parce qu'ils forment des amas ou gîtes plutôt que des massifs étendus. Pour nous borner aux principaux, nous décrirons successivement les alumines, les argiles, les carbonates, les sulfates, les phosphates, les nitrates, les borates, les sels haloïdes.

I. **Famille de l'Alumine.** — L'*alumine* (Al^2O^3), simple combinaison de l'oxygène avec le métal aluminium, comprend spécialement le corindon et le spinelle. Le **Corindon** est le plus dur des corps après le diamant. Il constitue des pierres précieuses justement recherchées : il est bleu dans le *saphir* proprement dit, rose dans le *rubis* oriental, jaune dans la *topaze* orientale, vert dans l'*émeraude* orientale, violet dans l'*améthyste* orientale. On le rencontre dans le granite, les basaltes, les sables diamantifères. L'*émeri*, que sa dureté fait employer au polissage, est un mélange de corindon et de fer oligiste. — Le **spinelle** est un mélange d'alumine et de magnésie, avec des traces de fer et de chaux. Il est un peu moins dur que le corindon. Il est rouge foncé dams le *rubis spinelle*, rose dans le *rubis balais*, jaune d'or dans le *rubicelle*, vert, bleu ou brun dans la *ceylonite*... Le spinelle est aussi une pierre d'un grand prix.

II. **Famille des Argiles.** — Les argiles sont des silicates hydratés d'alumine. Les unes, comme le *kaolin*, appartiennent aux roches ignées d'où elles dérivent par métamorphisme ; les autres, comme les argiles plastiques, plus ou moins impures, appartiennent aux roches sédimentaires et proviennent de la décomposition des feldspaths. Les argiles sont de couleur variée, happant à la langue, plus ou moins onctueuses au toucher. Très faciles à façonner, les argiles gardent après cuisson la forme qu'elles ont reçue.

III.—Famille des Carbonates.—Les *carbonates* (MCO^3) sont des sels formés d'acide carbonique et d'une base, comme la baryte, la strontiane ou la chaux. Nous citerons l'aragonite, la calcite, la dolomie et la sidérose.

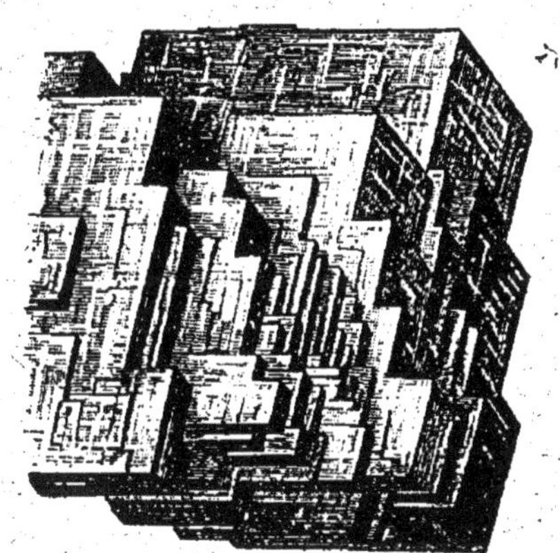

Fig. 140. — *Calcite, spath d'Islande.*

L'Aragonite est un carbonate de chaux, cristallisé en prisme, plus dur et plus dense que la calcite, à cassure vitreuse très brillante. A une température élevée, l'arragonite se décompose en un grand nombre de petits cristaux de calcite. Jamais on ne la trouve en grandes masses : elle se rencontre en agrégations fibreuses, en stalactites, en grains, etc... En Aragon, où elle a pris son nom, elle abonde dans les marnes salées de Molina et de Valencia.

La **Calcite** (*fig.* 149 et 150.) est aussi un carbonate de

Fig, 150. — *Autre forme de la calcite.*

chaux, mais moins dense et moins dur, cristallisé en rhomboèdres. Elle est rayée par une pointe d'acier et ne raie point le verre. Les acides produisent sur elle une vive effervescence. Au chalumeau, elle donne de la chaux à cause de la volatilisation de l'acide carbonique. — La variété la plus pure est le *spath d'Islande*, bien transparent : la double réfraction y est très sensible. — Les *stalactites* et les *stalagmites* sont de la calcite concrétionnée : quand leurs couches sont de nuances différentes, on a l'*albâtre calcaire* et l'*onyx d'Algérie*. — Les *marbres* sont aussi de la calcite plus ou moins pure : le marbre rouge antique était un calcaire rouge sang, très mélangé d'oxyde de fer.

La **Dolomie** est un carbonate de magnésie et de fer, plus dur que la calcite, doué d'un éclat nacré, sans effervescence appréciable dans les acides. Ses variétés sont nombreuses : elles sont utilisées pour les constructions. Les dolomies riches en fer forment des *spaths brunissants*, ainsi nommés parce que l'air les brunit.

La *sidérose* est un carbonate de fer que nous retrouverons à l'article des minerais.

IV. Famille des Sulfates. — Les *sulfates* sont des composés tantôt anhydres, tantôt hydratés, d'acide sulfurique et de diverses bases. Les principaux sulfates à signaler sont : la barytine, la célestine, le gypse, l'alunite.

La **Barytine**, ainsi nommée à cause de son poids considérable, est un sulfate de baryte. Elle est de couleur blanche, passant au jaune, au rouge ou au bleu. Sa forme cristalline la plus ordinaire est un prisme droit rectangulaire. Elle est inattaquable par les acides. Au chalumeau, elle décrépite et fond difficilement en un émail blanc qui tombe en poussière au bout de quelques heures. C'est en Auvergne qu'on a trouvé les plus gros cristaux de barytine.

La **Célestine**, ainsi nommée parce que sa couleur blanche passe souvent au bleu ciel, est un sulfate de strontiane. Au feu, elle décrépite vivement, fond difficilement. L'état dans lequel on la trouve varie suivant les gisements : elle est en cristaux prismatiques nacrés, en Sicile ; dans le Tyrol, elle se présente en lamelles ; en France, dans les terrains parisiens, elle est tantôt en nodules compacts, tantôt en masses fibreuses bleues.

Le **Gypse** est un sulfate hydraté de chaux (H^4CaSO^6). Les gisements de gypse ont une importance exception- nelle, parce qu'on en retire le plâtre. Le gypse est incolore, ou blanc, ou jaune. Au feu, il décrépite, se résout en feuilles minces et fond difficilement en un émail blanc.

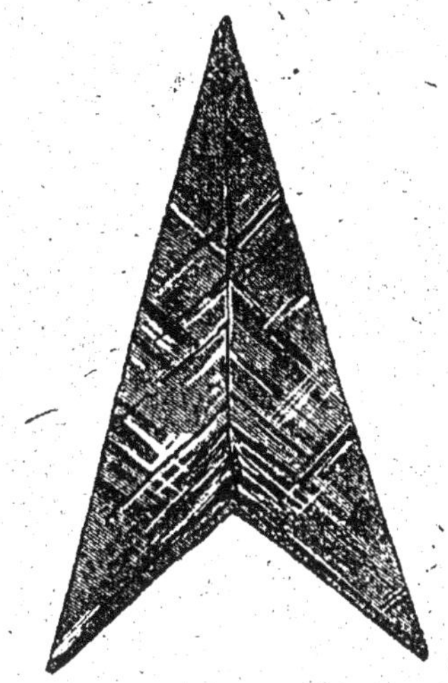

Fig. 151. — *Gyspe, cristallisé en fer de lance.*

Il est peu soluble dans l'eau, très peu attaquable par les acides. Il affecte des formes très variées : le gypse saccharoïde ou *albâtre* est en masses translucides, la *pierre à plâtre* du bassin de Paris est compacte et grenue; d'autres fois, le gypse est fibreux, lamel- laire, en fer de lance (*fig.*151). — Pour fabriquer le plâtre, on chauffe le gypse dans de grands fours à température modérée : le sulfate de chaux devient anhy- dre : on le réduit alors en pous- sière. Le plâtre doit être con- servé à l'abri de l'humidité, car il *s'évente* en absorbant la vapeur d'eau. Gâché dans l'eau, il durcit promptement en reprenant son état primitif de gypse ou sulfate hydraté.

L'**Alunite** ($K^2SO^4 + Al^2S^3O^{12} + 2H^6Al^2O^6$) est le sulfate hydraté d'alumine et de potasse, d'où on retire l'alun. L'alunite, très répandue aux alentours des volcans éteints, en Italie, en Auvergne (Mont-Dore), se présente parfois en petits cristaux, mais plus souvent en masses concré- tionnées, perforées comme la pierre meulière.

On distingue plusieurs sortes *d'aluns*, suivant que la potasse, la soude ou l'ammoniaque sont les bases combi- nées avec le sulfate d'alumine. L'alun proprement dit est un sulfate d'alumine et de potasse. C'est un sel blanc, d'une saveur astringente. Il est soluble dans l'eau : l'eau bouillante en dissout un volume égal au sien. Au chalumeau, il fond avec bouillonnement. — En France, on fabrique annuellement plusieurs millions de kilogrammes d'alun, en le retirant des schistes alumineux. Le teinturier emploie l'alun comme mordant pour fixer les couleurs, le papetier pour l'encollage des papiers. L'alun donne de la fermeté au suif des chandelles ; il retarde la putréfaction des matières animales et, à ce titre, sert d'antiseptique. La médecine l'utilise à la fois comme astringent et comme caustique léger.

V. Famille des Phosphates. — Les phosphates sont des combinaisons d'acide phosphorique et de différentes bases. Nous citerons seulement l'apatite et la turquoise.

L'Apatite est un phosphate de chaux, dont les cristaux présentent différentes couleurs et différentes formes. L'Apatite est très précieuse à l'agriculture pour amender les terres ; elle forme la partie principale des *phosphates*. Dans les *phosphorites* du Nassau, du Quercy, elle est compacte, à structure radiée, concrétionnée, souvent impure. Dans les *nodules phosphatés* de l'infracrétacé et des autres étages géologiques, elle est très mélangée de carbonate de chaux.

La Turquoise est un phosphate hydraté d'alumine. Son nom vient de ce qu'elle a été introduite en Europe par la Turquie. En Perse, on la trouve en rognons enclavés dans les argiles. C'est une pierre précieuse, opaque, d'un bleu clair, plus dure que le verre et susceptible de prendre un beau poli. La *turquoise orientale* est inattaquable aux acides et infusible au chalumeau. La *turquoise occidentale* ou fausse turquoise consiste en fragments d'os ou d'ivoire fossile pénétrés de phosphate de fer ; elle est attaquée par les acides et brûle en donnant une odeur animale.

VI. Famille des Nitrates. — Les *nitrates* sont des composés d'acide azotique ou nitrique et de diverses bases. Le plus remarquable est le **salpêtre**, azotate de potasse, qui entre comme partie essentielle dans la fabrication de la poudre. Le salpêtre est incolore ou d'un blanc gris. Il est

d'une saveur salée et fraîche. Il colore les flammes en vio
let. — Le nitre ou salpêtre se rencontre en petites incrustations sur les roches calcaires, et il se forme journellement
dans les caves, les écuries, les lieux humides, au pied des
murailles; il est le fruit du travail d'un organisme microscopique ou ferment. — On le mélange avec du soufre
et le charbon du noir de fumée pour fabriquer la poudre.

VII. Famille des Borates. — Les *borates* sont des combinaisons d'acide borique avec différentes bases. Le plus
remarquable est le **borax** ou borate de soude, d'un blanc
gris, de saveur alcaline, à éclat vitreux résineux. Au chalumeau, il se gonfle et entre en fusion. On le rencontre en
petites couches cristallines sur les bords de certains lacs
de l'Inde et du Thibet, ou dissous dans leurs eaux. En
France, on le fabrique en combinant la soude avec l'acide
borique. Le borax est fréquemment employé : comme fon-
dant, dans la métallurgie; dans la soudure des métaux,
dans la peinture sur verre et sur émail; en médecine,
comme astringent et comme antiseptique.

VIII. Famille des Sels haloïdes. — Les **Sels haloïdes**
sont des composés ayant des propriétés analogues à celles
des corps précédents, sans avoir des formules identiques;
ils résultent de la combinaison directe, sans oxygène, d'un
métalloïde de la première famille avec un métal. Exemple :
chlorure de sodium (Na Cl), fluorure de calcium (Cl Fl²).
Le **Chlorure de sodium** ou **Sel gemme** est ordinairement en cristaux cubiques. Tantôt il forme des gisements
étendus dans les terrains stratifiés, tantôt il imprègne le
sol de certaines régions disloquées. On le rencontre dans
le Jura, à Salins, sur les bords de la mer Caspienne et de
la mer Rouge. Il a une saveur caractéristique, se dissout
aisément, décrépite au feu. C'est le condiment indispen-
sable de l'alimentation, sous le nom de sel de cuisine.
Le **Fluorure de calcium** ou **Fluorine** est aussi cristallisé en cubes. Incolore et transparente, la fluorine est
souvent teintée en vert par divers oxydes. Au feu, elle

fond en perles blanches, mais difficilement. Traitée par l'acide sulfurique, elle donne de l'acide fluorhydrique qui sert à graver sur le verre.

ART. 3. — LES MINERAIS

Sous le nom de *minerais*, on entend les minéraux d'où on extrait les métaux usuels; il est rare, en effet, que les métaux se rencontrent autrement qu'en combinaison. Nous traiterons d'abord des *minéralisateurs*, puis des *minerais métalliques* eux-mêmes.

I. Minéralisateurs. — On appelle *minéralisateurs* les substances qui se combinent avec les métaux pour former les minerais et qui sont susceptibles d'être isolées à l'état solide. Les principaux sont : le soufre, l'arsenic, l'antimoine, le chrome et le manganèse.

Le Soufre est un métalloïde de couleur jaune, mauvais conducteur de l'électricité, électrisé négativement par le frottement. Il brûle à l'air en donnant des vapeurs suffocantes d'acide sulfureux. — Le soufre se trouve souvent à l'état natif dans les régions volcaniques, dans les solfatares surtout; il est mêlé à diverses substances, comme le gypse, la célestine, la calcite.... Pour l'obtenir à l'état de pureté et le séparer de sa gangue, on fait subir au minerai une double fusion : on le recueille en poussière (fleur de soufre) ou en bâtons. — Le soufre est le principal minéralisateur des métaux utiles; il forme avec eux des sulfures ou des sulfates.

L'Arsenic est un métalloïde très cassant, offrant un éclat métallique gris d'acier. Au feu, il répand une forte odeur d'ail. Il est rare dans la nature à l'état natif; il est le plus souvent combiné avec l'oxygène ou le soufre. Avec l'oxygène, il forme l'acide arsénieux, poison très violent, connu sous le nom de *mort aux rats*. Avec le soufre, il forme l'orpiment et le réalgar : l'*orpiment*, ainsi nommé à cause de sa couleur d'or, se rencontre en masses lamellaires dans les marnes et les argiles; le *réalgar* est une

9

substance rouge orangé, dont les cristaux abondent dans les filons de la Transylvanie et de la Hongrie. — Avec les métaux, l'arsenic forme des arséniures. — Poison violent, l'arsenic est employé à petites doses par la médecine pour la réparation des voies respiratoires ; les eaux de la Bourboule sont estimées à cause de l'arsenic qu'elles contiennent.

L'Antimoine, en latin *stibium*, est un métalloïde à éclat métallique. A l'état natif, tel qu'on le trouve dans les filons, il a un éclat blanc d'étain, son tissu est lamelleux ; il est très fragile et si peu dur qu'il se laisse entamer par une pointe de laiton ; le frottement lui fait répandre une odeur d'ail. Il se combine avec l'oxygène, le soufre et différents métaux. Avec le soufre, il forme la *stibine* ou sulfure d'antimoine, très abondante dans la nature et très exploitée par l'industrie : d'un gris plomb, la stibine est souvent disposée en petites baguettes rayonnantes.— La stibine se trouve en filons dans le granite, le gneiss, le micaschiste, dans l'Ardèche, le Gard, le Cantal, la Vendée. — L'antimoine est allié au plomb dans les caractères d'imprimerie ; avec l'étain, il forme les plaques qui servent à graver la musique ; avec le graphite, il forme la mine des crayons faussement appelée mine de plomb ; il sert à fabriquer l'émétique, le soufre doré, le kermès, le jaune de Naples.....

Le **Chrome** et le **Manganèse** sont sans doute des métaux proprement dits ; mais leur importance minéralogique est plus grande comme minéralisateurs que comme métaux. Avec l'oxygène, ils forment de vrais acides capables d'entrer en combinaison avec les métaux proprement dits. — Ainsi la *chromite* ou *fer chromé* est un minerai où le chrome joue, à l'égard du fer, le rôle de minéralisateur. La même chose a lieu dans le chromate et le bichromate de potasse : ces deux sels, ainsi que le vert de chrome, très employé dans la peinture sur porcelaine, sont extraits du fer chromé.

II. Minerais métalliques. — Les minerais proprement dits sont ceux d'où l'on extrait les métaux usuels. Parmi

les métaux, nous choisirons ceux qui nous offrent le plus
d'intérêt : le fer, le nickel, le zinc, l'étain, le plomb, le bismuth, le cuivre, le mercure, l'argent et l'or.

1° **Le Fer.** — Le *fer* est sans contredit le plus important
des métaux, soit par son abondance dans la nature, soit
par les usages qu'on en fait. On le rencontre à l'état natif,
surtout à l'état de magnétite, d'oligiste, de limonite, de
sidérose et de pyrite.

Le fer est rare à l'**état natif** ou pur. A part quelques
gros blocs trouvés dans les basaltes du Groënland, où le
fer est mêlé au carbone, le fer natif ne se rencontre que
dans les météorites ou pierres tombées du ciel.

La **Magnétite** (Fe^3O^4) constitue l'*aimant naturel*, capable
d'agir sur la boussole et d'attirer à ses pôles la limaille de
fer. Elle est parfois en cristaux, plus souvent en masses
compactes noires. Très répandue au milieu des roches
basiques, dans les basaltes par exemple, elle forme en
certains lieux, comme en Norwège, de véritables montagnes.

L'**Oligiste** (Fe^2O^3) est un oxyde non hydraté de fer.
C'est un des plus riches minerais de fer, très commun en
Suède et dans l'île d'Elbe, rare en France. Il est en masses
d'un gris de fer, souvent recouvert d'une poussière rouge ;
il se présente tantôt compact, tantôt lamellaire, tantôt
grenu, parfois en stalactites. La *sanguine*, l'*ocre rouge* et
l'*hématite* (*fig.* 152) sont des variétés d'oligiste ; avec l'hématite, on fabrique des crayons rouges pour les dessina-
teurs.

La **Limonite** ($H^6Fe^4O^9$), appelée aussi *hématite brune*,
est un oxyde hydraté de fer. C'est le minerai de fer le plus
répandu. Elle ne cristallise point, cependant elle peut em-
prunter les formes de la pyrite, des sulfates de fer et de
chaux ; elle peut être en stalactites ou en rognons. Avec
l'argile, elle constitue l'ocre jaune. On la trouve dans les
terrains sédimentaires en concrétions brunes ou jaunâtres.

La **Sidérose** ($FeCO^3$) est un carbonate de fer qui cristallise comme la calcite dans le système rhomboédrique.
La sidérose est tantôt en lamelles cristallines, transpa-

rentes et incolores, mais brunissant à l'air ; tantôt en oolites rougeâtres, tantôt en masses compactes, terreuses et jaunâtres. La sidérose est très riche en fer, très facile à

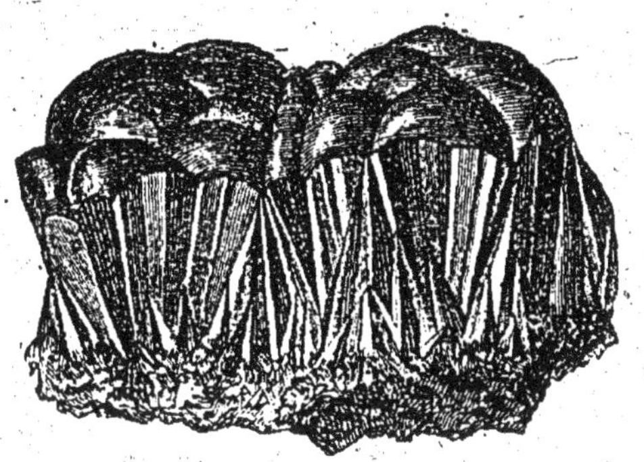

Fig. 152. — *Hématite, montrant le dehors mamelonné et le dedans cristallisé.*

fondre, et elle donne directement de l'acier. On la rencontre dans les terrains cristallins et dans les sédiments ; dans l'Isère et les Basses-Pyrénées, elle est en filons.

La **Pyrite** (Fe S^2) (*fig.* 153) est un sulfure de fer qui a l'aspect jaune clair du laiton. Cristallisée dans le système cubique, elle prend de nombreuses formes. Elle est moins recherchée pour le fer que pour le soufre qu'elle contient. Elle est très abondante dans les filons, dans les roches éruptives et même dans les roches sédimentaires.

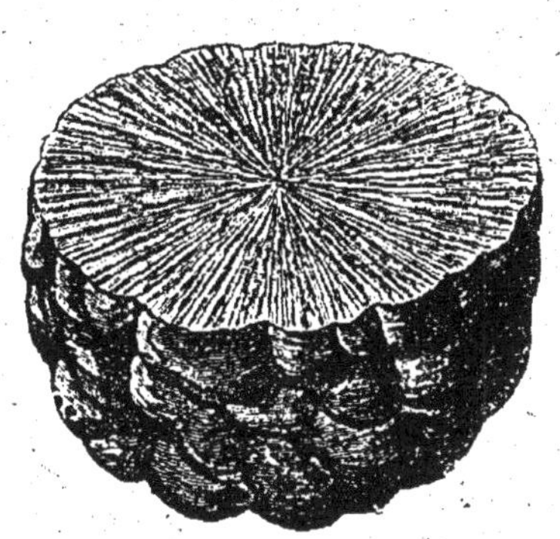

Fig. 153. — *Pyrite de fer, montrant la texture rayonnée du dedans.*

Les minerais de fer, traités par la méthode des hauts fourneaux, fournissent le fer que l'industrie recherche. Le fer est employé en trois états : à l'état de *fer*, il est à peu près pur ; à l'état d'*acier*, il contient une petite quantité de carbone ; à l'état de *fonte*, il contient une assez grande quantité de carbone.

2° Le Nickel. — L'usage du *nickel* se répand de plus en plus. Il se recommande par sa blancheur, sa dureté, la propriété qu'il possède de résister à l'action de l'air humide, et son prix peu élevé. Aussi l'emploie-t-on pour recouvrir les métaux et les préserver de l'oxydation, pour faire des alliages capables de remplacer l'argenterie (*maillechort*), et même, du moins en Belgique, pour frapper des pièces de monnaie.

On trouve le nickel dans la nature à l'état d'oxyde, de sulfure, d'arséniure, de silicate. Le sulfure de nickel ou *millérite*, cristallisé en aiguilles fines comme des cheveux (NiS) est le minerai le plus répandu, mais peu abondant. — La *nickéline* ($NiAs$) est un arséniure en masses compactes, rouges comme le cuivre.

3° Le Zinc. — Le *zinc* est un métal blanc bleuâtre, à texture lamelleuse et cristalline, cassant au-dessous de 15 degrés, malléable et ductile au-dessus de 60. Il est fréquemment employé pour les toitures, les conduites d'eau, les ustensiles : une couche de zinc sur le fer forme un alliage (*fer galvanisé*) qui résiste aux influences atmosphériques.

Les minerais exploités sont dans la nature à l'état de sulfure de zinc ou *blende* et de silicate de zinc ou *calamine*. — La *blende* (ZnS), appelée d'un nom qui signifie trompeur, a été longtemps confondue avec la galène (sulfure de plomb), qu'elle accompagne. Sa couleur est très variable, son éclat est adamantin ou gras, non métallique. Le blende n'est ni fusible ni réductible au chalumeau. — La *calamine* ($H^2Zn^2SiO^5$) est un silicate de zinc cristallisé en tables rectangulaires : elle est blanche ou jaunâtre, infusible. Il existe un carbonate de zinc qu'on appelle calamine terreuse. Les principales exploitations sont en Silésie et en Belgique : en France, on rencontre des minerais de zinc dans le Puy-de-Dôme, dans les Vosges et la Bretagne.

4° L'Étain. — L'*étain* est un métal de couleur argentine, plus dur et plus brillant que le plomb, malléable, brûlant avec une lumière vive : lorsqu'on le plie, il fait entendre un bruit ou *cri* caractéristique. On s'en sert pour étamer les métaux et les préserver ainsi de la rouille et de l'oxydation : avec le mercure, il forme l'amalgame connu sous le nom de papier d'étain et de tain des glaces; avec le cuivre, il constitue le bronze; c'est lui qui rend le verre blanc; il est la base des émaux opaques.

Dans la nature, l'étain se rencontre à l'état d'oxyde ou *cassitérite* (SnO^2). La cassitérite se présente tantôt en cristaux prismatiques terminés par deux pyramides, tantôt en concrétions. La couleur varie du brun clair au noir. Le minerai est infusible; mais, sur le charbon, additionné de soude, il se réduit facilement en étain. — La cassitérite est en filons dans les roches granitiques de l'Angleterre, de l'Allemagne, de la Bohême, de la Hongrie, de Malacca, du Chili, du Pérou et du Mexique.

5° **Le Plomb.** — Le *plomb* est un métal gris, très fusible, très malléable, qui se raie à l'ongle, onze fois plus lourd que l'eau. Ses usages sont très connus : avec l'étain, il forme la soudure des plombiers; avec l'antimoine, il constitue le métal des caractères d'imprimerie...

Très répandu dans la nature, le plomb se trouve rarement à l'état natif, mais à l'état de galène, de céruse, de massicot ou de minium.... — La *galène* est un sulfure de plomb (PbS) cristallisé en cube. Elle est d'un gris de plomb, douée d'un brillant éclat métallique, non ductile et ne se coupant pas. Presque tout le plomb du commerce est extrait de la galène : pour cela, il suffit de griller la galène avec du fer. — La *céruse* ($PbCO^3$) est un carbonate de plomb qui se rencontre en filons exploitables : elle est incolore, blanche ou jaunâtre, donne une poussière blanche. — Le *massicot* (PbO) est un oxyde jaune de plomb, le *minium* (Pb^3O^4) est un oxyde rouge qui se forme par l'altération superficielle de la galène.

6° **Le bismuth.** — Le *bismuth* est un métal blanc grisâtre : les anciens le confondaient avec le plomb et l'étain. À l'état pur, il ressemble à l'antimoine. On l'emploie dans la médecine contre les diarrhées; dans les arts, on s'en sert pour fabriquer les alliages fusibles et pour préparer certains émaux.

La nature présente le bismuth à l'état natif, ainsi qu'à l'état d'oxyde et de sulfure. C'est presque toujours le bismuth natif que l'industrie exploite. Il est en masses lamelleuses ou granulaires, d'un blanc d'argent rougeâtre, avec ramifications imitant les feuilles de fougère. Il est très fusible : dans les creusets, il fond et se prend en masses.

7° **Le Cuivre.** — Le *cuivre* est un métal d'un beau rouge brillant ; allié au zinc, il forme le laiton ou cuivre jaune. Très malléable et très ductile, il se laisse laminer en feuilles minces ou étirer en fils fins. Plus dur que l'or et l'argent, le cuivre est allié à ces deux métaux pour la fabrication des monnaies et des bijoux : avec l'étain, il constitue le bronze. A l'air sec, il est inaltérable ; mais, à l'air humide, il se couvre d'un carbonate de cuivre ou vert-de-gris, poison dangereux : aussi faut-il une grande propreté dans l'usage de tous les ustensiles de cuisine en cuivre. Les diverses applications du cuivre sont très connues.

Les principaux gisements du cuivre sont en Angleterre, en Russie, en Suède, en Autriche. Il se présente principalement à l'état natif, et à l'état de sulfure et d'oxyde, — A *l'état natif*, le cuivre apparaît en cristaux cubiques, en mamelons, en lames minces, en rameaux plus ou moins branchus, en filaments déliés ou en masses informes : il suffit alors de le fondre. — Le *cuivre pyriteux* ou *chalcopyrite* est le principal minerai : c'est un sulfure de fer et de cuivre à la fois ($CuFeS^2$). La pyrite de cuivre est d'un jaune d'or foncé, souvent irisée, se distinguant de la pyrite de fer par ses tons plus chauds. Le *cuivre panaché*, plus rouge que le cuivre pyriteux, est aussi un sulfure de cuivre et de fer. — Avec l'acide carbonique, le cuivre forme la malachite et l'azurite : la *malachite* est un carbonate vert, très fragile, qui se présente en fibres soyeuses ou en masses mamelonnées ; l'*azurite* est un carbonate bleu, couleur bleu de Prusse, à cristaux rhomboédriques souvent aplatis. — Avec l'oxygène seul, le cuivre forme la *cuprite* (Cu^2O), de couleur rouge, brunissant sur le charbon, puis donnant par la fusion du cuivre pur.

8° **Le Mercure.** — Le *mercure* est un métal liquide,

13 fois plus lourd que l'eau, connu sous le nom de vif-argent. Il sert à la fabrication des thermomètres et des baromètres ; avec l'étain, il forme le tain des glaces ; avec les métaux, il forme des amalgames ; ayant la propriété de dissoudre l'or et l'argent, il est employé dans les mines pour l'extraction de ces métaux précieux.

On le trouve parfois à l'*état natif*, en fines gouttelettes, dans les gisements de cinabre. — On l'exploite générale-ment à l'état de *cinabre* ou sulfure de mercure (HgS), en France, en Espagne, en Hongrie, en Chine, au Pérou... Le cinabre est d'un beau rouge, donnant une poussière écarlate ; il n'est point dur, et il s'électrise aisément par le frottement. Pour en dégager le mercure, on calcine le cinabre avec de la limaille de fer ou avec de la chaux. — Avec le chlore, le mercure forme le *calomel* et le *sublimé corrosif*.

9° **L'Argent.** — L'*argent*, dont les usages et les propriétés sont bien connus, se trouve dans la nature à l'état natif ou en combinaison. — A l'*état natif*, il se présente tantôt en filaments capillaires ou en fibres étirées, tantôt en plaques minces et courbes. — A l'état de combinaison il forme, avec le mercure, l'*amalgame* ou mercure argental, en cristaux semblables à ceux du grenat ; avec le soufre, l'*argyrose* ou *argentite* (Ag²S), couleur gris de plomb ou d'acier, avec peu d'éclat, très malléable et se coupant facilement ; avec le soufre et l'antimoine, l'*argyrythrose* (Ag³SbS³), argent rouge clair.

Les mines d'argent sont nombreuses : depuis que ce métal est plus activement exploité, son prix a notablement baissé.

10° **L'Or.** — L'*or* est le plus précieux des métaux ; il est 19 fois plus lourd que l'eau : il demeure inaltérable à l'air et dans tous les réactifs, sauf dans l'eau régale. — L'or se trouve principalement à l'état natif, en plaques, en rognons ou pépites, en filaments capillaires ; les principales mines sont en Californie, au Pérou, au Chili, au Mexique, en Australie, au Cap de Bonne-Espérance... On évalue à près d'un milliard la production annuelle de l'or sur tout le globe. — L'or se trouve aussi à l'état d'amalgame avec le mercure : pour l'en dégager, il suffit de volatiliser le mercure en chauffant le minerai,

ART. 4. — COMBUSTIBLES MINÉRAUX

Les minéraux carbonés sont combustibles. Les uns sont d'origine interne, comme le diamant, le graphite, le bitume ; les autres sont d'origine externe végétale, comme l'anthracite, la houille, le lignite, la tourbe.

I. D'origine interne. — Diamant. — Le *diamant*, le plus dur de tous les corps, est du carbone pur. Il est cristallisé en octaèdres réguliers. Transparent et incolore, il jette un éclat très vif. C'est pour rendre cet éclat plus saillant qu'on le taille, à l'aide de sa propre poussière. Il brûle difficilement : sa combustion donne de l'acide carbonique. Les principaux gisements sont ceux de l'Inde, du Brésil, de l'Oural et du Cap. — Il existe une variété opaque et noire.

Graphite. — Le *graphite*, faussement appelé *plombagine* ou *mine de plomb*, est du carbone avec des traces de fer. Il est d'un gris de fer, à éclat métallique, doux au toucher, tachant. Il entre dans la composition des mines de crayon. On en trouve en différentes localités de la France, de l'Espagne, de la Corse, de la Russie...

Bitume. — Le *Bitume* ou *asphalte* est un mélange de divers carbures d'hydrogène. Il est brun ou noir, fond à 100 degrés environ. Le *pétrole* ou *naphte* est une variété de bitume, liquide à la température ordinaire. — Les bitumes abondent dans les régions volcaniques. Sur la mer Morte, le bitume flotte à la surface des eaux, où on peut le recueillir.

II. D'origine végétale. — Anthracite. — L'*anthracite* est un charbon noir, brillant, sec au toucher, brûlant sans flamme vive, mais en produisant une grande chaleur. Il contient 87 à 94 p. 100 de carbone. C'est le charbon de terre le plus ancien.

Houille. — La *Houille* contient moins de carbone, 78 à 92 p. 100. Elle est noire, tachante, brûle avec une vive flamme. En vase clos, elle donne le gaz d'éclairage et les goudrons; le *coke* est le résidu boursoufflé qui demeure dans les cornues.

Lignite: — Le *lignite* ne contient que 55 à 75 p. 100 de carbone. Il est noir ou brun. Le *jayet*, bien connu en bijouterie, en est une variété.

Tourbe. — La *tourbe* contient 50 à 67 p. 100 de carbone. Elle est légère et tendre. Sa couleur varie, tirant d'autant plus sur le noir que le gisement est plus ancien.

CHAPITRE III

LES PIERRES

Définition. — Sous le nom de *pierres* nous comprenons toutes les roches sans exception. Dans le chapitre précédent, nous avons étudié les éléments et les minéraux qui entrent dans la constitution des pierres : les pierres sont le résultat du groupement des minéraux. Par exemple, le quartz, le feldspath et le mica ont été étudiés séparément comme minéraux : en s'unissant dans une même roche, ils forment la pierre qu'on nomme granite.

D'après leur origine, on distingue trois sortes de pierres : les pierres *massives,* formées sous l'influence de la chaleur interne ; les pierres *sédimentaires,* formées par l'action des agents externes ; les pierres *métamorphiques,* ou sédiments modifiés par l'action des agents internes.

ART. 1er. — LES PIERRES MASSIVES

Les pierres *massives* sont ainsi appelées parce qu'elles sont solidifiées en masses compactes, et ne présentent point de couches stratifiées (*fig.* 154). On les appelle aussi *ignées* ou *plutoniques,* parce que leur formation s'est effectuée sous l'influence du feu central. Il est juste de mettre leur étude en première ligne, car elles ont en général précédé les

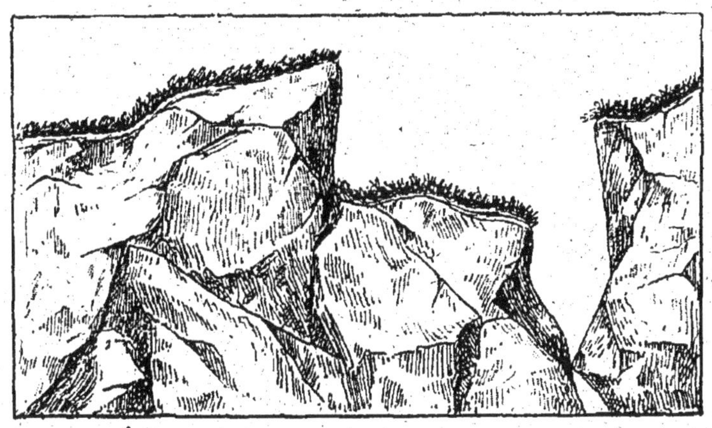

Fig. 154. — *Aspect des roches massives.*

roches sédimentaires, et même les roches sédimentaires se sont constituées à leurs dépens.

Nous pouvons les distribuer en groupes divers, soit au point de vue de leur nature chimique, soit au point de vue de leur structure intime.

I. Nature des roches massives. — Les roches massives, au point de vue de la nature chimique, se divisent en trois groupes : elles sont *acides, neutres* ou *basiques.*

Roches acides. — On nomme *acides* les roches dans lesquelles domine l'acide silicique ou silice. La silice y abonde en liberté, à l'état de quartz : dans les combinaisons, comme celles du feldspath, la silice entre pour une très large part. La teneur en silice est de 68 pour 100 environ.

Il se trouve que les roches acides sont aussi des roches *légères,* dont la densité varie de 2,6 à 2,7. Une première cause est dans l'abondance même de la silice libre, dont la densité est 2,6 seulement. Une seconde cause est dans la légèreté des bases avec lesquelles la silice est combinée dans ces roches : la potasse et la soude, en effet, sont des bases légères.

Enfin les roches acides, les plus légères, se trouvent être aussi les plus *anciennes*. Cela se comprend : car dans la première masse terrestre encore fluide, les éléments les plus légers devaient être à la superficie, et ce sont ceux-là qui se sont solidifiés les premiers. La croûte primitive, les gneiss et les laves des plus anciens volcans, appartiennent au groupe des roches acides.

Roches neutres. — On nomme *neutres* les roches dans lesquelles la silice n'est en excès d'aucune façon : elle n'abonde point à l'état de quartz libre, elle n'abonde point non plus en combinaison. La teneur en silice varie de 50 à 65 p. 100.

Les roches neutres sont de *densité moyenne*, au dessus cependant de la densité des roches acides : cette densité varie de 2,7 à 2,9.

Elles sont moins anciennes que les précédentes : elles se sont formées aux dépens d'un niveau fluide inférieur à celui des roches acides, supérieur à celui des roches basiques.

Roches basiques. — On nomme *basiques* les roches dans lesquelles il n'y a point de silice libre, dans lesquelles même les combinaisons sont pauvres en silice, de sorte que ce sont les bases qui l'emportent sur l'acide. La teneur en silice n'atteint jamais 50 p. 100.

Ce sont des roches *lourdes*, dont la densité varie de 2,9 à 3,1. Elles sont lourdes, soit parce que la silice, qui est légère, y est en petite quantité, soit parce que les bases sont elles-mêmes pesantes, comme la chaux, la magnésie, le fer, etc.

De toutes les roches éruptives, ce sont les plus *récentes*. Cela se conçoit aisément : à mesure que l'écorce terrestre s'épaissit, ce sont des masses de niveau plus profond, plus lourdes par conséquent, qui s'épanchent au dehors. Les laves modernes sont toutes basiques.

II. **Structure des roches massives.** — Au point de vue

de la structure, les roches massives sont dites : *granitoïdes*, si tous les éléments sont cristallisés ; *trachytoïdes*, s'il y a des éléments cristallisés dans une pâte amorphe ; *vitreuses*, si les éléments n'y sont pas cristallisés, mais tous amorphes.

1° **Structure granitoïde.** — Dans le cas où tous les éléments sont cristallisés, on distingue trois séries de roches : les *granites*, les *porphyres*, les roches *compactes*.

Dans les **granites**, tous les éléments sont cristallisés, et on ne remarque pas une notable inégalité entre les cristaux. Aussi on admet que les granites se sont cristallisés lentement, au-dessous de l'écorce primitive, dans les plis des premières montagnes soulevées : on ne leur attribue qu'un seul stade de cristallisation. — Le granite acide se compose de quartz, de feldspath et de mica : le *granite commun* de la Bretagne, de la Normandie, du Limousin, le *granite porphyroïde* du Plateau central, la *granulite* et la *pegmatite* appartiennent à ce groupe. Le granite neutre, comme la *syénite*, les *minettes*, le *kersanton* est dépourvu de quartz. Parmi les roches basiques, le granite est représenté par la *diorite*, la *diabase*, l'*ophite*. — Le granite est une pierre très dure, rayant le verre, qu'on ne travaille qu'avec la plus grande difficulté. A l'air, il n'offre pas une résistance aussi longue qu'on pourrait le croire : son feldspath s'altère, et peu à peu il se résout en argile et en grains de quartz.

Dans les **porphyres**, les éléments sont aussi tous cristallisés ; mais on remarque deux sortes de cristaux : les uns, bien développés, sont visibles à l'œil nu ; les autres, visibles seulement à la loupe, ont l'aspect d'une pâte enveloppant les grands cristaux (*fig.* 155). Cette disposition porte à croire que les porphyres ont eu deux stades successifs de solidification. Le premier stade a été intratellurique : les grands cristaux se sont formés lorsque la masse en fusion était encore sous l'écorce. Le second stade a été extratellurique : après que la masse en fusion eut été rejetée hors de l'écorce, sa solidification s'est promptement achevée, donnant lieu seulement à des cristaux miscroscopiques. —

On trouve des porphyres parmi les trois classes de roches massives : les plus connus sont le *porphyre rouge antique* et le *porphyre vert antique ;* dans ce dernier on voit des cristaux de labradorite ressortant en vert clair au milieu d'une pâte cristalline d'un vert foncé. — Le porphyre est une pierre très dure, rayant le verre, difficile à travailler, mais susceptible d'un beau poli : l'antiquité l'exploitait

Fig. 155. — *Coupe à travers une roche porphyrique.*

On voit de grands cristaux au milieu d'une pâte cristalline à petits éléments.

pour ses monuments publics ; on ne l'emploie aujourd'hui que pour les constructions de grand prix.

Dans les roches **compactes**, tous les éléments sont aussi cristallisés : mais les cristaux sont petits, ce qui donne à la roche l'aspect d'une pâte durcie. La solidification s'est faite en un seul stade, brusquement, sans doute en dehors de l'écorce terrestre. — A cette catégorie appartiennent les *pétrosilex*, les *trapps*, les *mélaphyres*, et surtout les *basaltes*, roches brunes dont les masses ont été souvent découpées par le retrait en longs prismes à cinq ou six pans.

2° **Structure trachytoïde.** — La structure *trachytoïde* caractérise les roches où l'on trouve mélangés des éléments cristallisés et des éléments amorphes ou non cristallisés. Leur formation peut s'interpréter de la manière suivante : comme dans les porphyres, des cristaux étaient déjà formés dans la masse fondue avant qu'elle ne fût rejetée hors de l'écorce ; une fois rejetée, au lieu de cristalliser, la pâte a pris une texture vitreuse. — A cette catégorie appartiennent : les *eurites* et des *pétrosilex* très voisins des porphyres ; le *trachyte*, dont les principales variétés sont la *domite* et la *phonolite* de l'Auvergne, l'*andésite* de l'Amérique du Sud. La pierre de Volvic, qui a servi à bâtir la ville de Clermont-Ferrand, est de ce dernier groupe.

3° **Structure vitreuse.** — La structure *vitreuse* caractérise les roches dans lesquelles aucun élément n'est cristallisé, ou du moins la plupart des éléments ne sont pas cristallisés. — A cette catégorie appartiennent : les *verres acides*, où toute la pâte est amorphe ; la *pierre ponce*, qui s'est solidifiée avec un tel dégagement de vapeurs qu'elle est devenue très poreuse et capable de flotter sur l'eau ; l'*obsidienne*, verre naturel d'un brun noir, que les physiciens utilisent pour la polarisation de la lumière ; la plupart des *laves* modernes qui prennent, en se solidifiant, un aspect amorphe.

ART. 2. — LES PIERRES SÉDIMENTAIRES

D'une façon générale, les roches sédimentaires sont celles qui doivent leur origine à l'action des agents extérieurs. A part un petit nombre, elles se sont déposées par couches horizontales au fond des eaux : c'est pour cela qu'on les nomme sédimentaires. Nous les étudierons par séries, et nous distinguerons la série *siliceuse*, la série *argileuse*, la série *calcifère* ; puis nous engloberons dans une série à part les roches de moindre importance.

I. Série siliceuse. — Les pierres composées de *silice* sont très nombreuses : d'après leur origine, elles sont détriques, chimiques ou organiques.

1° Les roches siliceuses d'origine **détritique** sont formées d'éléments incohérents ou d'éléments soudés par un ciment.

Les éléments *incohérents* ou meubles sont les sables, les graviers et les galets. En général, ces éléments sont les fragments de quartz que la décomposition des roches granitiques a rendus libres ; depuis qu'ils ont été détachés, ils ont subi le polissage par le fait du frottement.

Les éléments *cimentés* donnent lieu à des roches diverses dont le nom varie suivant la forme des éléments soudés. Ainsi le *grès* est formé de sables quartzeux soudés par de la silice : souvent il est rougi par un oxyde de fer. Les *quartzites* sont des grès tellement compacts que les contours des grains de sable ne sont plus reconnaissables. Les *psammites* sont des grès très micacés, presque feuilletés comme des schistes. Les *conglomérats*, pondingues et brèches, sont composés de gros fragments. Les *arkoses* sont des roches où l'on retrouve soudés les éléments du granite, le quartz et le feldspath à la fois.

2° Les roches siliceuses d'origine **chimique** sont les meulières et la geysérite. La *meulière*, généralement caverneuse, est le résultat d'une transformation de calcaire lacustre en silice, grâce aux infiltrations d'eaux chargées de silice. Elle est très recherchée pour les constructions ; si elle est assez compacte, on l'utilise pour moudre les graines sèches. — La *geysérite* est une silice hydratée déposée autour des geysers par l'évaporation de l'eau.

3° Les roches siliceuses d'origine **organique** sont le tripoli et beaucoup de silex. — Le *tripoli* est une poussière siliceuse très fine, constituée par les restes de petites algues, les diatomées. On s'en sert pour le nettoyage des instruments de cuivre. — Le *silex* noir, comme on en rencontre dans les formations crayeuses, est dû à la concrétion des éléments siliceux qui étaient épars dans la bouillie calcaire ; ces éléments siliceux provenaient des carapaces de Radiolaires microscopiques qui avaient pullulé à la surface des eaux.

II. Série argileuse. — Les roches composées d'*argile*, ou silicate hydraté d'alumine, ont été primitivement des *vases* ou boues déposées au fond des eaux tranquilles ; les dépôts qui se forment aujourd'hui au fond des lacs et des étangs sont de même nature.

Quand les argiles n'ont pas été soumises à une forte compression, elles sont massives, molles, se laissant aisément façonner. L'argile plastique de l'époque éocène, exploitée dans les environs de Paris pour la fabrication des briques et des poteries, n'a subi aucune transformation depuis qu'elle a été déposée.

Les argiles les plus anciennes ont subi bien des modifications : tantôt elles ont été durcies par la chaleur et les infiltrations siliceuses; tantôt elles ont été feuilletées par la pression, de sorte qu'elles se laissent partager en lames minces parallèles, comme les *ardoises* d'Angers et les *phyllades* cambriennes; tantôt elles ont été imprégnées de carbures d'hydrogène, de sorte qu'elles sont susceptibles de s'enflammer, comme certains *schistes* des environs d'Autun.

II. **Série calcifère.** — Les roches *calcifères*, c'est-à-dire qui contiennent de la chaux, sont les calcaires, la dolomie, la marne, le gypse.

Les **calcaires** sont du carbonate de chaux : c'est la roche sédimentaire la plus répandue et en même temps la plus recherchée pour les constructions.

Il y a des calcaires d'origine *détritique*, comme le calcaire *oolithique*, le calcaire *à entroques*, le calcaire à *lumachelles*; des fragments calcaires de polypiers, d'échinodermes ou de mollusques, ont été entraînés par les eaux et soudés ensemble. Il y a des calcaires d'origine *chimique*, comme les *travertins* et les *tufs*, comme les *roches stalagmitiques*, dont la concrétion est due à l'évaporation des eaux qui les tenaient en dissolution. La plupart des calcaires sont d'origine *organique*, étant dus à l'accumulation de squelettes calcaires des foraminifères, des polypiers, des échinodermes, des bryozoaires, des mollusques, comme la *craie*, la calcaire à nummulites, etc.

Les calcaires sont appliqués à d'innombrables usages : soumis à l'action du feu qui chasse l'acide carbonique, ils fournissent la *chaux* ; les calcaires compacts sont employés pour la *lithographie* ; la craie sert à fabriquer le *blanc d'Espagne*, la *craie à écrire*, le *ciment* et la *chaux hydraulique* ; dans les constructions, les *calcaires grossiers* servent de moellons, les calcaires compacts donnent la pierre de taille, les *marbres* fournissent les matériaux de luxe.

Les calcaires ne sont pas tous également durs : mais tous se laissent entamer par l'acier ; tous aussi entrent en effervescence sous l'action des acides.

La **solomie** est un carbonate de chaux et de magnésie : la présence de la magnésie est due sans doute à l'action des eaux d'infiltration à travers les masses calcaires.

La **marne** est un mélange d'argile et de calcaire : en proportions convenables, ces deux éléments forment du ciment naturel, comme dans les marnes liasiques de Vassy (Yonne).

Le **gypse** est un sulfate de chaux : il est activement exploité comme pierre à plâtre. D'après certains auteurs, le gypse provient de l'évaporation des eaux marines dans d'anciennes lagunes ; d'autres croient que le gypse proviendrait de la transformation des calcaires en sulfate sous l'action de sources sulfureuses.

IV. Roches diverses. — En dehors des trois séries que nous venons d'indiquer, on peut encore citer des roches sédimentaires de moindre importance. Le *sel gemme* est un chlorure de sodium connu sous le nom de *sel de cuisine*. Tantôt il forme des couches cristallines bien distinctes, tantôt il imprègne seulement les couches argileuses. Il a pour origine l'évaporation des eaux marines dans d'anciennes lagunes : les salines du Jura datent de l'époque triasique. Certains minerais de fer, *limonite*, *sidérose*, *pyrites*, se trouvent parmi les argiles et les calcaires à l'état de masses concrétionnées : ils ont été formés par l'action de cette force attractive qui, dans une masse pâteuse, tend à grouper les éléments de même nature. Les *combustibles minéraux* d'origine végétale, anthracite, houille, lignite, tourbe, dont nous avons dit ailleurs l'origine, doivent aussi être signalés parmi les roches sédimentaires.

ART. 3. — LES PIERRES MÉTAMORPHIQUES

Sous le nom de roches *métamorphiques*, nous entendons les pierres qui ont subi des modifications sous l'action des agents internes. Ces agents sont multiples : émanations gazeuses, chaleur produite par les laves volcaniques, chaleur et pression résultant de la poussée qu'opèrent les plissements de l'écorce. Les effets de métamorphisme se manifestent dans les grès, les argiles, les calcaires, et par les éléments nouveaux qui prennent naissance.

Les *grès* se fendillent sous l'influence d'une forte chaleur : on en voit la preuve près des anciennes coulées de laves.

Les *argiles* subissent une double modification : la chaleur les durcit et les change en porcelanites, comme les vases de terre glaise durcissent en cuisant dans le four : la pression leur enlève le caractère massif pour les diviser en feuilles superposées. M. Daubrée a constaté, par d'ingénieuses expériences, que les argiles se feuillettent sous l'influence d'une énergique pression.

Les *calcaires* subissent un changement très important : sous la double influence de la pression et de la chaleur, ils durcissent et cristallisent en grande partie ; c'est ainsi qu'ils se changent en marbre. La plupart des marbres exploités dans le Jura, les Pyrénées, les Apennins... sont des calcaires sédimentaires durcis et cristallisés par le métamorphisme. Les diverses couleurs qui veinent et caractérisent les marbres sont dues à des émanations bitumineuses ou métalliques qui ont imprégné la roche.

Enfin des *éléments nouveaux* peuvent prendre naissance par le fait du contact d'une roche éruptive et d'émanations gazeuses dans un terrain préalablement formé. C'est ainsi que l'injection des matériaux granitiques à travers un plissement de terrain calcaire donne lieu à la formation de *grenats*. De même des cristaux de chiastolite se sont formés dans l'argile au voisinage d'éléments granitiques. Beaucoup de filons résultant de la combinaison de vapeurs métalliques avec les parois des fentes de l'écorce terrestre.

LISTE ALPHABÉTIQUE

DES

TERMES TECHNIQUES EMPLOYÉS DANS L'OUVRAGE

TABLE DES MATIÈRES

GÉOLOGIE

<h3 style="text-align:center">Chap. IV. — Formations d'origine éruptive.</h3>

MINÉRALOGIE

<h3 style="text-align:center">Chap. Ier. — Notions préliminaires.</h3>

<h3 style="text-align:center">Chap. II. — Les Minéraux proprement dits.</h3>

CHAP. III. — LES PIERRES.

FIN

9 782013 440646